LE MESSIANISME, ORGANISATION UNIVERSELLE

LA

MÉCANIQUE

NOUVELLE

ORGANIQUE ET UNIVERSELLE

SCIENCE — NATURE — INDUSTRIE

Par JEAN BRUNET *

POLYTECHNICIEN, OFFICIER, INGÉNIEUR, CONSTITUANT.

Dieu conduit le monde par le règne organique de la mécanique, et l'homme créera sur la terre en appliquant les lois de la mécanique de Dieu.

II

PARIS
BUREAU DU MESSIANISME
10, RUE DE LA MONNAIE, 10

LE MESSIANISME, ORGANISATION UNIVERSELLE

LA

MÉCANIQUE

NOUVELLE, ORGANIQUE ET UNIVERSELLE

SCIENCE — NATURE — INDUSTRIE

Par JEAN BRUNET ✵

POLYTECHNICIEN, OFFICIER, INGÉNIEUR, CONSTITUANT.

Dieu conduit le monde par le règne organique de la mécanique, et l'homme créera sur la terre en appliquant les lois de la mécanique de Dieu.

PARIS

BUREAU DU MESSIANISME

RUE DE LA MONNAIE, 10

1862

Nous soussignés, imprimeurs à Paris, certifions que, le 11 juin 1860, nous avons fait au bureau de la librairie notre déclaration pour imprimer la nouvelle MÉCANIQUE ORGANIQUE ET UNIVERSELLE de M. JEAN BRUNET; que l'impression a commencé et a été continuée jusqu'au mois de septembre 1860; qu'à cette époque, les treize premiers chapitres étaient composés et tirés en feuilles qui sont restées en dépôt chez nous; que depuis ce temps, M. Brunet s'étant absenté, l'impression est restée suspendue pendant un an et demi; que cette impression a été reprise et continuée le 25 février 1862, et que le dix-septième et dernier chapitre était tiré le 11 avril 1862.

Fait à Paris, le 10 mai 1862.

RENOU ET MAULDE.

TABLE GÉNÉRALE DES MATIÈRES.

LA MÉCANIQUE

ORGANIQUE ET UNIVERSELLE.

INTRODUCTION ET DÉCLARATION GÉNÉRALES.

PRINCIPE ET TRAVAIL.

Par l'ensemble des considérations, lois et inventions nouvelles que contient cet ouvrage, j'entre dans un nouveau monde de science et d'industrie.

Pour cette œuvre, c'est à peine si les innombrables travaux des savants, des philosophes, des ingénieurs et des praticiens, depuis l'antiquité jusqu'à nos jours, m'ont offert quelques germes confus. Aussi, n'est-ce que par un vaste ensemble de créations, de lois et d'organisations nouvelles que j'ai pu constituer le corps de ma mécanique organique et universelle.

Quant à l'idée religieuse et philosophique, capitale et génératrice, qui préside à l'ensemble de cette nouvelle œuvre, vous ne la trouverez nulle part. Cette idée principale la voici.

La volonté de Dieu entretient la vie universelle par l'action incessante du règne organique d'une mécanique universelle. Cette mécanique vivante se développe et se combine par germes élémentaires; et les êtres de ce règne supérieur président, d'une manière organique, aux générations, circulations, transformations et destructions de l'univers. Cette mécanique organique de la nature étant connue, l'homme l'appliquera aux créations, circulations, transformations et destructions du règne industriel, dont Dieu lui a donné la mission sur la terre.

Méditez ces nouveaux principes et les immenses conséquences qui en découlent; alors vous reconnaîtrez combien sont bornées, vides ou fausses, les mécaniques théoriques et pratiques, célestes ou terrestres, qui ne sont basées que sur des suppositions et abstractions mathématiques.

De ces bases de convention, on a déduit, par une abstraction plus ou moins forcée, quelques lois d'une raideur absolue ; mais ces lois n'expliquent rien, ne produisent rien, et restent isolées comme des pierres dans une plaine aride. N'ayant ni principe, ni force, ni lien organique, elles agissent complétement en dehors des constitutions et fonctions organiques de la nature. Ce sont les bornes et non les colonnes vivifiantes de la science universelle. Quant à l'industrie qui s'appuie sur ces lois, elle est condamnée à labourer avec peine un champ qui ne donne que de maigres récoltes.

La mécanique organique que je vous présente ici, pour la première fois, comme une des bases capitales de la science universelle, résulte d'un vaste ensemble d'études et de recherches, de créations et d'organisations théoriques et pratiques. Et toutes ces choses ont été soumises à une élaboration incessante, pour en extraire les nouveaux principes et les nouvelles lois.

Pour cette œuvre, les jets d'inspiration ne suffisaient pas ; il fallait surtout les efforts énergiques, profonds et persévérants qu'a faits sur lui-même le grand génie savant, créateur et organisateur. Un pareil langage, à votre époque de manières hypocrites et insinuantes, étonnera et choquera. Laissez les faibles, les charlatans et les spoliateurs à leur faveur et à leurs calomnies. Ma personne n'est rien ; mais mon âme est remplie du souffle de Dieu, pour proclamer fortement la vérité. Je ne m'adresse donc qu'aux hommes de vérité, de justice et de ferme courage, pour leur dire : Voyez, comprenez et jugez.

Sachez-le bien, je n'ai pas poussé subitement dans les landes incultes d'une science nouvelle. Au contraire, j'ai, profondément et toujours, étudié et travaillé la mécanique dans les traditions de la science et de l'industrie courantes. Ainsi mes professeurs, ou examinateurs d'études, ont été ces hommes marquants, dont je citerai les noms en témoignage de ma sincère reconnaissance : au collége de Limoges, MM. Dubourg et Petit ; aux classes de Paris, MM. Guérard et Delille ; à l'École polytechnique, MM. Navier, Gay-Lussac, Liouville, Savary, Lamé, Duhamel, Babinet, membres de l'Institut ; aux écoles d'application, MM. Poncelet, Piobert, Morin, membres de l'Institut.

Quant aux travaux pratiques de la mécanique, j'en ai fait depuis vingt-cinq ans pour les gouvernements et pour les particuliers. Et vous les trouverez, ces travaux, au centre de Paris et de Londres, les deux grandes capitales de la civilisation, comme dans les plaines brûlantes de l'Afrique et sur les sommets glacés des Alpes.

Si donc, par l'immense ensemble de mes créations et organisations nouvelles, je m'élève en dehors des voies de la science et de l'industrie actuelle, ce n'est ni par ignorance ni par mépris de ces voies. Je les ai, au contraire, profondément respectées et employées comme les enseignements que Dieu avait fait préparer, par une suite de génies, pour me permettre d'accomplir l'œuvre universelle de ma mission.

Jamais vous ne concevrez les obstacles et les misères au milieu desquels j'ai accompli cette œuvre. Voilà vingt-cinq ans que j'y travaille, et, pendant ce temps, j'ai inventé et élaboré, en secret, des multitudes de machines et d'applications. Je pourrais vous montrer les manuscrits de volumes rédigés en Angleterre dès 1851 et 1852, et qui ne verront jamais le jour. Je pourrais vous montrer aussi plus de cent cinquante descriptions de brevets de grandes inventions, datant de 1837 à 1860, qui n'ont été et ne seront jamais pris.

Par la publicité et par l'exploitation successives de mes créations, plus ou moins complètes et ordonnées, j'aurais acquis grande réputation et grande richesse ; tandis que, par le secret et par la condensation organiques, auxquels je me suis trouvé condamné, j'ai manqué la réputation et la richesse ; j'ai laissé les mauvais répéter que j'étais désormais un esprit impuissant ; mais j'ai surtout eu la douleur de voir de grandes inventions, que j'avais faites depuis longtemps, paraître dans le monde sous d'autres noms.

Quelle fermeté inébranlable ne m'a-t-il pas fallu pour élaborer cette œuvre pendant si longtemps, au milieu des douleurs et des fatalités de l'existence la plus éprouvée que le monde ait jamais vue ! Tenez, édifiez-vous par ce dernier fait.

Le manuscrit de ce volume était fini depuis trois ans. Dès les premiers jours d'avril 1860, l'impression commença, et plus des trois quarts étaient déjà composés et tirés, quand le manque d'argent, puis des devoirs impérieux, me forcèrent de suspendre et d'abandonner le tout pendant près de deux ans. Or, pendant ce temps, de grandes inventions, qui étaient décrites dans mes feuilles imprimées, se sont produites avec éclat à Paris, mais sous d'autres noms.

CONDITION PERSONNELLE.

Cette condition de sacrifices douloureux, vous la retrouverez dans toutes mes grandes œuvres. Ainsi, voyez ce qui se passe pour mon *Armement général des États sur terre et sur mer*, ouvrage où se trouvent aussi toutes les grandes inventions de la mécanique maritime et militaire. Le monde se préoccupe de quelques faits de cette révolution d'armement général; les noms d'ingénieurs, d'inventeurs militaires retentissent, et les nations se précipitent avec ardeur dans des dépenses monstrueuses d'applications incohérentes. Eh bien! savez-vous ce que disent les hommes de vérité, de justice et de science militaire? Le voici :

Les grands principes, lois et inventions pour la régénération militaire, sur terre et sur mer, ont été trouvés, établis et publiés, depuis cinq ans, par Jean Brunet, le capitaine et l'auteur de l'*Histoire générale de l'artillerie*. Dans son ouvrage *Nouvel armement des États*, on trouve, en effet, condensées, avec puissance, ordre et précision, toutes les nouveautés pour la conduite générale de la guerre, pour l'équipement général, pour les armes de troupes et d'artillerie, pour les fortifications et batteries, pour la marine complète. L'application grossière de quelques-unes de ces nouvelles choses a déjà eu des conséquences considérables sur divers points du globe. L'application raisonnée, ordonnée et complète, amènera, dans la puissance, l'installation, les finances et les relations des nations, des avantages d'une importance incalculable.

Voilà ce que soutiennent les hommes de vérité. Vous vous étonnez, sans doute, et vous me direz : Pourquoi n'appliquez-vous pas vous-même vos grandes inventions? Pourquoi n'agissez-vous pas auprès des puissants? Pourquoi ne réclamez-vous pas vos droits?

Pourquoi? Et ne voyez-vous pas que je suis constamment chargé de misères, de dévouement et de travail, au milieu d'hostilités et d'obstacles de toute sorte? Où voulez-vous donc que je trouve les sommes, la liberté et le temps nécessaires pour acheter mes droits de propriété intellectuelle, que vendent les législatures, et pour disposer des grands ateliers d'application? Je ne puis donc que publier mes inventions avec une description précise, faisant appel à la loyauté des gouvernements et des individus qui appliqueront.

Or, mes descriptions une fois publiées, savez-vous ce qui se passe? Le voici. On s'empare de mes inventions, on les applique, on prend des brevets, et, si je réclame, on m'injurie et on me menace effrontément. Alors je laisse passer; car je n'ai ni le temps ni l'argent nécessaires pour obtenir justice au moyen de la communauté, à qui j'ai confié ma propriété. Adressez-vous aux instituts, direz-vous. J'y suis allé; mais leur règlement leur défend de s'occuper des choses publiées; d'ailleurs ils s'étonnent et se défient des grandes nouveautés révolutionnaires et organiques; les commissions ne font pas de rapports, et l'œuvre reste inconnue. Quant aux comités officiels, mal disposés et négatifs de leur nature, ils repoussent mes propositions, en y joignant au besoin la moquerie, jusqu'au moment où ils les acceptent présentées par d'autres. Quant aux puissants, ils reçoivent mes œuvres et les appliquent avec avantage, sans jamais me répondre, comptant sans doute sur l'épuisement et la calomnie pour m'achever.

Mais, alors, direz-vous, réclamez énergiquement par les nombreuses voies de la publicité. Je répondrai : Allez les trouver ces voies, et vous verrez comme elles sont bouchées par la vénalité et la camaraderie ; puis surtout par la terreur d'une exécution toujours menaçante. J'ai vu des directeurs de publicité : les uns, qui avaient bravement essayé un premier avis, s'arrêtaient court, effrayés par les menaces ; les autres gardaient, pendant un mois, la réclamation qu'ils avaient fait composer, puis s'excusaient de n'oser la publier, et la détruisaient.

Au milieu de tels obstacles, je suivis la loi de ma destinée, et je me mis à créer l'ensemble entièrement nouveau de *la législation universelle de la propriété intellectuelle*. J'établis le domaine général de cette propriété conformément aux facultés organiques de l'intelligence ; je le composai de sept classes de propriétés, et je donnai la législation de la constitution et de l'exploitation universelles, sous les principes de justice et de liberté.

Cette œuvre de législation intellectuelle est nouvelle, complète, ordonnée, juste, féconde, et elle deviendra forcément la loi universelle des sociétés humaines. Eh bien ! voilà quatre ans qu'elle est publiée, et pas un gouvernement, pas un organe de publicité, qui en ait parlé. A vrai dire, des gouvernements et des individus mettent en avant, et sous leur nom, quelques bribes arrachées à l'ensemble de mon système de législation universelle, et l'apparition de ces bribes incohérentes produit une sensation profonde et générale.

Voyez enfin le comble de mes épreuves. En confiant à la loyauté des gouvernements et des individus les grandes inventions contenues dans mon *Nouvel armement des États*, j'avais déclaré que la date authentique du dépôt au bureau officiel de la librairie de Paris me servirait de titre de propriété intellectuelle. Mais il est arrivé précisément ceci, que mon éditeur n'a fait le dépôt que trois mois après qu'il avait annoncé, vendu et distribué mon ouvrage. De sorte que la date authentique de mes titres de propriété s'est trouvée retardée ; et que juste, pendant cet intervalle, des applications ont été faites et des brevets ont été pris pour des inventions contenues dans mon ouvrage.

Telle est ma position. Je méprise de m'en plaindre; mais je dois l'exposer pour expliquer les retards, les irrégularités et les impuissances qui étonnent dans la conduite de mes affaires; pour faire voir aussi quelle énergie indomptable Dieu a dû me donner pour lutter et créer, sans relâche, au milieu des douleurs et des obstacles qui m'entourent.

De cet exposé résultera aussi la raison de la conduite que j'entends tenir au sujet des inventions contenues dans cet ouvrage de mécanique.

Vivre, agir, étudier et créer, répandre et constituer, cela ne peut se faire qu'avec de grandes ressources; et ces ressources, on ne peut les avoir que par l'aumône, la spoliation ou le travail. Entre ces trois voies, il n'y a pas à choisir : le travail est la vraie source. Faites donc que tout travail soit assuré de recevoir son prix, et tout homme produisant mettra sa dignité à toucher son salaire, quitte à en faire l'usage généreux qu'il voudra.

Jusqu'à présent, je n'ai jamais reçu le prix de mes travaux. Je sème, et d'autres récoltent; je construis, et d'autres habitent; je devance, et d'autres touchent; je crée, et d'autres exploitent. Mais, tout en subissant cette loi fatale, je dois protester contre elle et réclamer mon droit organique; d'autant plus que je suis écrasé de charges personnelles, qui résultent des dévouements, des catastrophes politiques, familiales et commerciales, et des spoliations dont j'ai été victime.

Devant cette juste réclamation pour mon travail, certaines gens ont fait les choqués et ont dit : Au fond de vos prétentions rénovatrices et rédemptrices, il n'y a que les appétits de matérialisme, du lucre et de la boutique.

Mais, répondrai-je, voyez donc ce que j'ai fait et ce que j'ai récolté; ce que j'ai été et ce que je suis. Pendant vingt ans de ma jeunesse, j'ai été un rude militaire, multipliant les services de toute sorte. Or, aujourd'hui je ne suis rien et je ne touche rien. Pendant de longues années, j'ai contribué à la conquête de l'Algérie, à la création de sa colonisation, de son administration, etc. Or, de cela, je n'ai rien retiré. Au moment des tourmentes révolutionnaires, j'ai travaillé énergiquement à rétablir l'ordre matériel et l'ordre organique; à jeter les bases de tous les grands progrès dans la politique générale. Or, de cela, je n'ai rien retiré. Pendant dix ans, j'ai créé et conduit de grandes exploitations industrielles en France et à l'étranger. Or, de cela, je n'ai rien retiré. J'ai donné aux nations et aux gouvernements la grande réorganisation militaire sur terre et sur mer, qui amène des progrès et des économies immenses. Or, de cela, je n'ai rien retiré. Depuis vingt ans, j'ai publié des livres d'histoire et d'organisation, œuvres considérables, que les hommes de vérité, de science et de justice placent très-haut. Or, je n'en ai rien retiré. J'ai renouvelé les sciences et donné la série organique des lois de la création pour constituer la science universelle. Or, de cela, je n'ai rien retiré. J'ai créé le système fortifié d'une grande place européenne, et fait gagner plus de 35 millions à un État. Or, de cela, je n'ai rien retiré. J'ai donné les lois de la constitution des grandes installations et des grandes circulations; et, de cela, je n'ai rien retiré. J'ai créé les parties principales du Code de législation universelle, notamment pour les propriétés intellectuelles et matérielles. Or, de cela, je n'ai rien retiré. Je me suis dévoué pour conduire une grande guerre et la faire réussir rapidement. Or, de cela, je n'ai rien retiré, etc.

Arrêtons-nous dans cette énumération de sacrifices et de spoliations dont j'ai été victime, et dites, qu'à moins d'être stupide ou mauvais, il faut reconnaître qu'il n'y a pas d'homme moins intéressé et plus dévoué que moi. Comprenez-le : il est facile à l'homme qui s'efface complétement, sans famille et sans relations, comme un cénobite ou un prédicateur, de proclamer son renoncement à tout, pourvu que l'aumône le nourrisse, l'habille et le loge. Mais que sont ces rôles bornés, à côté de ma mission de création universelle, non-seulement dans l'ordre moral et intellectuel, mais encore dans l'ordre matériel et social?

La loi de ma destinée, pour cette œuvre immense, est de marcher sans cesse sous le poids de charges énormes; de parcourir de grands espaces, de vivre, travailler, expérimenter, dans les capitales ou dans les déserts, là où les éléments nécessaires sont hors de prix. Comprenez alors ma douleur, à me voir spolié de ce que j'ai gagné avec tant de peine pour soutenir ma vie et celle des miens; pour aller où il faut; pour travailler, créer et répandre comme il faut.

PROPRIÉTÉ INTELLECTUELLE.

En résumé, la loi de justice exige que tout travail soit récompensé, et que les spoliateurs soient flétris et punis. Plus que personne, je proclame et j'imposerai cette loi. En attendant, voici la conduite que je suivrai pour cette œuvre de la mécanique universelle.

Afin d'assurer mes droits de propriété, j'aurai d'abord la date authentique des brevets pris à Paris, puis dans d'autres contrées, ensuite la date officielle de la publicité; et en tous cas je réclame le concours légal et loyal des gouvernements pour assurer ma propriété, conformément aux législations locales. Mes droits étant établis, comme en principe je suis contraire au système de monopole personnel pour l'exploitation de la propriété intellectuelle, je ne resterai sous la protection des législations actuelles que pour frapper sur les spoliateurs, et j'ouvrirai la carrière libre à toutes les applications, en faisant la déclaration suivante, conformément aux principes de ma législation universelle.

DÉCLARATION.

Je soussigné Jean Brunet, natif de Limoges (France), fais la déclaration suivante :

Je suis l'auteur d'une série de grandes inventions scientifiques, industrielles, représentatives et littéraires, qui sont décrites dans l'ouvrage ci-joint, qui a pour titre général : *Nouvelle mécanique organique et universelle, science, nature et industrie.*

Cet ouvrage me donne droit à des propriétés intellectuelles de l'ordre scientifique, industriel, littéraire et représentatif. Mes titres à ces droits de propriété sont établis par les dates authentiques qui suivent :

1° Date authentique du dépôt fait le 21 mars 1862, à l'heure de midi, au bureau central du Messianisme, ministère de la propriété universelle;

2° Date authentique du dépôt fait le 25 mai 1862, à deux heures du soir, à l'Hôtel-de-Ville de Paris, bureau officiel des brevets d'invention, préfecture de la Seine (France);

3° Date authentique du dépôt de publicité, fait au bureau officiel de la librairie, au ministère de l'intérieur, à Paris (France), le 31 mai 1862, à deux heures du soir.

Ces dates authentiques serviront de titre pour la constatation officielle de la propriété intellectuelle, dont je réclame la reconnaissance dans l'univers.

Les gouvernements, avec leurs administrations officielles, et les comités des associations libres de la propriété intellectuelle, enregistreront cette demande, la publieront, la discuteront, en faisant connaître leur avis, dont les résumés seront centralisés dans les différents États, puis au centre universel du Messianisme.

Les propriétés intellectuelles des ordres scientifique, littéraire, industriel et représentatif, auxquelles donne droit cette œuvre de la mécanique universelle, auront une durée de cinquante ans, à partir de la date authentique d'inscription. Ces propriétés sont libres et successibles.

Dans toutes les contrées de la terre, tout le monde a le droit d'appliquer une ou plusieurs parties, ou l'ensemble de ces inventions diverses.

Mais cette liberté d'application n'est donnée qu'à la condition expresse de prévenir de l'application que l'on entend faire, et de payer le droit d'application, en raison des avantages obtenus comme il suit :

1° Pour la propriété scientifique, la prime annuelle sera payée par les États, tant pour les études que pour les applications, à raison de 1 centime par mille habitants, et de 1 centime par myriamètre carré.

2° Pour la propriété industrielle, la prime sera payée à raison de 0.20 des économies positives que les applications des appareils nouveaux procureront à chacun des trois points de vue de l'installation, de la construction et du service par rapport aux appareils actuels.

3° Pour la propriété représentative, la prime entrera en déduction de la rémunération précédente, qui sera réduite à 0.13, les 0.07 étant en faveur des premiers ingénieurs ou constructeurs qui appliqueront en grand et pratiquement les nouvelles inventions.

Pour la propriété littéraire, la prime sera de 0.20 du prix fort de la vente. Pour les traductions, la prime sera de 0.12 de ce même prix. Les 0.08 de différence resteront comme prime de rémunération en faveur du traducteur.

Les administrations gouvernementales et locales de la généralité, ainsi que les comités libres de la propriété intellectuelle, sont chargés de surveiller l'application des susdites inventions, d'en contrôler les divers degrés d'importance, d'en percevoir les rétributions par trimestre.

Les susdites administrations de la propriété intellectuelle prélèveront 0.12, sur l'ensemble des recettes qu'elles effectueront pour mon compte.

De plus, le gouvernement de chaque grand État indépendant prélèvera 5 pour 100 sur l'ensemble des recettes nettes, qui me reviendront dans l'intérieur de son empire; ce sera l'impôt sur ma propriété qu'il protégera.

Tous gouvernements, comme toutes associations et individus, qui appliqueront mes inventions sans satisfaire aux conditions précédentes, seront signalés et poursuivis comme voleurs.

Déclaration faite et déposée, à Paris, au bureau central du Messianisme.

Paris, le 4 juin 1862. JEAN BRUNET.

Ces conditions de propriété et d'équité générale étant remplies, il reste cette recommandation importante à présenter.

APPEL GÉNÉRAL.

La presse, considérée au point de vue de sa mission générale, a un devoir sacré à remplir : c'est, en dehors de toute préoccupation et de tout intérêt personnels, de répandre le plus possible, dans le public, les grandes inventions qui apportent de nouvelles et importantes choses pour la science et pour l'industrie. A ce devoir, impérieux et universel, s'ajoute le devoir, pour la presse éclairée et capable dans la spécialité, de discuter à fond, et sous toutes les faces, les nouveautés qui se présentent.

Disons-le franchement : manquer à ce devoir est trop général dans l'ensemble de la presse. Sans doute, il arrive assez souvent que des législations trop rigides et trop arbitraires l'entravent ou la paralysent; mais il faut le lui dire : le plus grand défaut, au point de vue des grands faits scientifiques et industriels, est indépendant des vices de la législation : ce défaut vient de la mauvaise conduite de la presse elle-même.

Les ignorances spéciales, les coteries personnelles et les appétits mercantiles, la réduisent trop souvent à n'être que l'instrument des médiocrités charlatanes. Et il en résulte ces conséquences déplorables que, non-seulement la presse manque à son devoir, en privant les masses de la lumière et des avantages que le génie des créations a conquis pour elles, mais encore qu'elles trompent ces masses et les pervertissent en leur imposant des drogues à la place d'œuvres fécondes.

Que la presse ne s'y trompe pas : si de nos jours les générations s'affaissent et se dégradent dans une atmosphère de médiocrité sceptique et de charlatanisme ronflant, c'est sa faute, à elle qui ne remplit pas son devoir. Étouffer sous le silence les grandes œuvres, pour emboucher la trompette des réclames en faveur des médiocrités habiles, c'est manquer à l'humanité, c'est fausser sa voie, c'est la ruiner et la flétrir.

Et vous, les gouvernements, instituts et comités officiels, les constructeurs et ingénieurs, qui disposez de l'autorité, des ressources et des ateliers nécessaires, ne sentez-vous pas aussi que vous avez un devoir impérieux à remplir à l'égard des masses, qui attendent de vous les décisions, la lumière et les constructions qui leur donneront le progrès? Sans doute, il vous faut opérer avec prudence; mais n'allez pas, par négligence, par intérêt personnel et par esprit de monopole, étouffer le progrès. Ouvrez vos conseils et vos ateliers à toutes les études et à tous les essais. Comprenez l'immense et féconde voie où vous appelle ma mécanique universelle; entrez-y franchement, et appliquez aussi largement que vous pourrez. La masse de l'humanité en profitera toujours; et c'est là, avant tout, le devoir de votre état.

Quant à moi, qui dois toujours créer et organiser pour le progrès, l'ordre et la justice dans l'humanité, je vous le dis à tous : Prenez et appliquez les grandes inventions qui sont le fruit de mes efforts et de mes sacrifices. Si vous me donnez le salaire de mon travail, pour soutenir ma vie et mes efforts, vous ne ferez que le plus élémentaire de votre devoir. Si vous appliquez sans me rien donner, vous ne serez que des voleurs, que la justice flétrira tôt ou tard.

Car, sachez-le bien, ce ne sont pas seulement mes droits personnels qui seront spoliés, mais ce seront surtout les intérêts de l'humanité tout entière que vous violez en me dépouillant. Ma personne n'est rien, comme je vous l'ai déjà dit, et je sais me contenter de la simplicité la plus sévère dans mon entretien et dans ma position; mais il faut que je donne, que je secoure, que je parcoure les pays, que je crée, que je publie, que j'essaye, que je construise, que je fonde l'édifice du Messianisme. Or, le fruit de mon travail, je l'attache à cette œuvre immense et ordonnée par Dieu, pour le bien de l'humanité. C'est donc cette œuvre, c'est donc l'humanité que vous volerez; et, dans votre infamie, vous vous attaquerez aux ordres de Dieu même.

Quoi qu'il en soit, probes ou spoliateurs, allez, appliquez et répandez toujours ces inventions précieuses pour l'humanité. Que ma personne soit ou non sacrifiée, ce n'est là qu'une considération secondaire. Dieu a ses vues. Et si sa volonté est que son élu, tout en proclamant avec fermeté les principes éternels de la justice, soit toujours spolié du fruit de ses immenses et incessantes créations, c'est que Dieu a décidé que la plus grande des missions doit être sanctifiée par le plus grand des martyres.

Que sa volonté soit faite!

LA MÉCANIQUE ORGANIQUE

ET

UNIVERSELLE.

CHAPITRE Ier.

Exposé général, principes et classification.

UNITÉ DE LA MÉCANIQUE UNIVERSELLE.

La description qui suit ouvre une immense et nouvelle carrière à la science et à la pratique de la mécanique.

Le principe nouveau qui a dominé mes travaux, c'est l'unité universelle des constitutions et des fonctions mécaniques dans la nature et dans l'industrie.

Cette description, j'ai dû la condenser le plus possible ; elle embrasse, en effet, une multitude d'éléments qui doivent entrer dans la constitution ordonnée de la mécanique organique.

Mes nombreuses découvertes de grandes lois scientifiques et de grandes inventions pratiques sont le résultat d'énormes et longs travaux dans les sciences mathématiques et naturelles, puis dans les industries actuelles.

C'est à force de recherches et d'inventions successives dans toutes les parties de la mécanique mathématique et industrielle, puis à force d'études approfondies des règnes organiques de la nature, que j'ai pu ruminer en silence, faire et défaire les éléments et les combinaisons pour en extraire les conditions nouvelles que je présente ici.

Je dois le dire hardiment : malgré les admirables progrès que tant de savants et tant de constructeurs de génie ont fait réaliser aux machines, les véritables lois et même le principe capital et primitif de la véritable mécanique, tant au point de vue scientifique qu'au point de vue pratique, sont inconnus encore.

Et cependant Dieu nous a mis constamment sous les yeux ce principe et ces lois admirablement simples et fécondes de la mécanique universelle, dans la série infinie et ordonnée des êtres de la création dans les différents règnes organiques de la nature.

Chose qui paraîtrait inconcevable, si Dieu n'avait pas des vues bien arrêtées sur la marche organique de la perfectibilité humaine, on a poussé jusqu'à des limites miraculeuses les calculs de la science et les investigations de l'analyse des êtres naturels.

Et cependant on paraît ne s'être jamais douté que, dans tous ces êtres organiques, devaient constamment fonctionner, en vertu d'un principe capital, les lois simples et ordonnées d'une mécanique universelle.

Et par conséquent, on n'a jamais entrevu que c'est le fonctionnement permanent de ce principe et de ces lois qui préside à la constitution et à la fonction matérielle de tous les êtres, au milieu des fluides qui les entourent.

Et par conséquent, enfin, on n'a jamais osé entrevoir que la série infinie des êtres de la création est forcément ordonnée en vertu de ces lois, auxquelles préside la volonté incessamment dirigeante et féconde de Dieu, le souverainement puissant et le souverainement bon.

MÉCANIQUE NATURELLE ET MÉCANIQUE INDUSTRIELLE.

La série ordonnée, logique et mathématique, des lois de la nature terrestre, je la donnerai ailleurs, tant pour l'ensemble des règnes organiques que pour les espèces individuelles de tous les règnes.

Et en disant ces choses qui étonneront par l'énormité de leur prétention et de leur nouveauté, je ne cède à aucune folie, à aucun aveuglement, à aucun orgueil.

Depuis longtemps je suis le rude pionnier qui fouille en silence la nature, les sciences et les industries. Les membres de l'Institut qui furent mes professeurs, mes inspecteurs ou mes collègues dans les premières écoles de la France; les gens sérieux qui ont pris connaissance de mes ouvrages; les ingénieurs militaires et civils qui connaissent mes travaux pratiques en Europe et en Afrique, savent que je suis simple et précis dans les choses de la mécanique générale.

L'immense série des inventions scientifiques et industrielles que je ferai connaître, et dans laquelle entre la présente description de la nouvelle mécanique organique, cette série n'est donc pas pour moi une découverte de hasard.

Mais c'est le résultat péniblement acquis d'énormes et rudes efforts. Dieu l'a voulu ainsi, quand il m'a choisi parmi les hommes les plus cruellement éprouvés par la peine, pour me faire entrevoir les lois ordonnées de sa souveraine création.

Ces lois de la mécanique organique et universelle, par lesquelles Dieu conduit les règnes et les êtres de la nature, peuvent-elles ne pas devenir les lois de la mécanique scientifique et industrielle de l'humanité? Et pourquoi en a-t-il été si peu ainsi jusqu'à présent?

Le génie de science et de création qu'a reçu l'humanité est sûrement une des œuvres les plus magnifiques et les plus généreuses du Dieu souverainement bon et créateur infini dans son ordre universel.

Mais ce genre humain, il est soumis à une loi organique, et, s'il a ses élans et ses éclairs, il a aussi ses obscurités et ses faiblesses. Ce n'est donc qu'en labourant le champ du travail au milieu des créations, des transformations et des destructions incessantes, que le génie peut découvrir la vérité et acquérir le progrès.

Aussi voyez quelle multitude d'efforts désordonnés, faux, outrés, grossiers, au point de vue scientifique et pratique, l'humanité a dû déployer pour parvenir à l'état de choses actuelles.

Et dans cet état de la mécanique actuelle, qui présente cependant une supériorité si prodigieuse sur l'état des époques antérieures, voyez quels efforts inouïs de travail, de complications et de dépenses on déploie, tout en restant en dehors des vrais principes et des vraies lois de la mécanique.

C'est que, par suite d'une inattention et d'une irréflexion extraordinaires, la mécanique scientifique et industrielle ne cherche ses lois que dans les combinaisons de l'esprit et dans les traditions pratiques.

Sans comprendre que les véritables lois sont constamment en présence et en fonctionnement devant nous, dans la mécanique naturelle de tous les êtres organiques de la création.

Que la science et l'industrie humaine étudient donc, comprennent et appliquent les lois de la mécanique naturelle, et elles auront ainsi les règles qui les maintiendront dans la vérité, l'ordre, la simplicité, la facilité et le profit.

Alors la science et l'industrie obtiendront, partout et à peu de frais, les plus grands services mécaniques, pour que l'humanité puisse sillonner et cultiver cette terre où Dieu nous a chargés de dominer.

PRINCIPES ET CLASSIFICATION.

Et maintenant j'entre en matière pour donner la description de ce grand brevet d'invention, qui a pour but un nouveau système de mécanique universelle, que j'appelle *mécanique organique.*

Et les deux principes capitaux de cette nouvelle mécanique seront les suivants :

1° Toutes les machines doivent être organisées en *ovaires mécaniques*, soumis à des courants de fluides dont ils épuisent ou régénèrent la pression.

2° La mécanique industrielle doit imiter la mécanique organique de la nature et puiser ses principales forces motrices dans les pressions, les courants et les milieux des fluides naturels.

Appuyé sur ces deux grands et nouveaux principes, je vais donner la description des conditions principales du nouveau système de mécanique générale.

Et l'ensemble de cette description, je le classerai dans les chapitres qui sont relatifs aux grands organes constitutifs de la mécanique générale.

Et ces chapitres portent les titres suivants :

I. Exposé général, principes et classification.
II. Constitution et fonction de l'ovaire mécanique.
III. Développement par ovaires de tous les êtres mécaniques.
IV. Constitution des grands organes essentiels des machines.
V. Nouveaux moteurs et propulseurs organiques.
VI. Récolte de la force motrice des courants directs ou contraires.
VII. Création de courants dans les milieux en équilibre.
VIII. Création de courants de fluides artificiels.
IX. Mécanique vélostatique ou Hydrochocs.
X. Mécanique élastique ou oscillante.
XI. Création des pressions et régénération des fluides épuisés.
XII. Régulateurs et mesureurs des courants.
XIII. Machines actuelles et machines nouvelles.
XIV. Résumé

Le simple énoncé de ces divers chapitres indique dans quelle vaste et nouvelle carrière la description suivante fait entrer la mécanique générale. C'est vraiment un monde nouveau pour la science et pour l'industrie ; et dans ce monde toutes les lois vraies que l'on connaît jusqu'à présent, au point de vue scientifique et pratique, se trouveront avec leur ordre organique.

LA MÉCANIQUE ORGANIQUE.

CHAPITRE II.

Constitution et fonction de l'ovaire mécanique.

FORME GÉNÉRALE.

Ce terme nouveau d'ovaire mécanique suffit à lui seul pour caractériser et faire entrevoir du premier coup le point de départ de la nouvelle science et de la nouvelle industrie, que j'appelle la mécanique universelle, ou mécanique organique.

Cet ovaire mécanique, idée et constructions nouvelles en tout, est donc le principe de la nouvelle mécanique. Ce principe, je l'établis en le basant sur les différences dans les forces d'écoulement, que la nature des ajustages amène pour une même ouverture, et je le formulerai en pratique comme il suit :

Prenez un bout de cylindre creux; fermez les extrémités par des ajustages d'écoulement parallèles, troncs coniques et à minces parois; faites agir une force de pression sur le fluide intérieur.

Vous avez produit l'ovaire mécanique, qui se trouve traversé par un courant continu de fluide extérieur, allant de l'ouverture rentrante à l'ouverture saillante, et qui rejette ce fluide avec une pression supérieure à celle qu'il avait en entrant.

Le cylindre est une moyenne entre toutes les formes possibles de l'ovaire mécanique, qui peut être prismatique, pyramidal, allongé, écrasé, courbe, etc.

Parmi ces formes, la plus favorable pour l'action générale sera celle *du cœur*, obtenue en prolongeant les parois de l'ajustage saillant et en les raccordant par une courbure avec les parois de l'ajustage rentrant. Les lobes de ce cœur offrent d'excellents réduits pour augmenter la pression et pour créer des courants intérieurs, qui activent l'énergie de l'écoulement général. Quelquefois, pour avoir la faculté de changer le sens du courant, l'ovaire se rapprochera de la forme sphérique ou ovoïde.

Les ouvertures sont généralement libres; mais elles peuvent aussi être cloisonnées par des grillages ou des substances poreuses, ou par des feuilles plus ou moins élastiques. Ces feuilles, percées à leur centre d'un petit trou, se disposent d'elles-mêmes en ajustages convenables.

NATURE DES ENVELOPPES.

Pour compléter et vérifier la théorie et la pratique de cette nouvelle invention de l'ovaire mécanique, considéré dans son isolement, j'établirai les nouveaux principes et les nouveaux faits que voici :

Au lieu d'avoir une carcasse d'ovaire, en substance rigide dans sa nature et dans sa forme, formez cette carcasse entre les deux ajustages des extrémités, d'un tube en substance solide, mais très-élastique.

Si cet ovaire étant placé verticalement, on le remplit de liquide, d'eau par exemple, le tube cylindrique et élastique se déforme. On a alors un pourtour qui se rapproche de la forme d'un cône reposant sur sa base, ou plutôt de la forme d'un cœur ayant la pointe en l'air.

Cette forme mathématique et forcée, qui résulte de l'inégalité des pressions liquides aux différentes hauteurs, est en effet celle que l'on retrouve dans toutes les cellules de circulation qui ont commencé par avoir une enveloppe élastique : dans les végétaux, les animaux, dans tous les vaisseaux de circulation.

Si maintenant le tube élastique de l'ovaire est maintenu de distance en distance par des anneaux solides, et plus ou moins rigides, qui seraient appliqués soit à l'intérieur, soit à l'extérieur, il se passe ceci : la partie du tube élastique entre deux anneaux se gonfle à mesure que l'on descend. Et le tube se trouve alors partagé en cellules au pourtour arrondi; et les diamètres des arrondissements vont en augmentant du sommet à la base. Cette forme conique, à éléments cellulaires plus ou moins sphériques, vous la retrouvez dans tous les troncs des règnes organiques de la nature, et surtout dans le règne végétal ; et elle est très-caractérisée dans les tiges à substance molle, comme les bambous, cannes, ajoncs, etc....

En résumant ces conditions générales de l'ovaire mécanique, on voit qu'il faut compter quatre classes d'ovaires mécaniques, plus ou moins semblables à ce que l'on retrouve dans la nature. 1° Ovaire à carcasse rigide dans son pourtour et dans ses ajustages, comme les ovaires en métal. — 2° Ovaire à pourtour rigide et ayant des ajustages élastiques qui se règlent en raison des circonstances du courant. — 3° Ovaire à ajustages rigides, mais à pourtour élastique, lequel pourtour se façonne en raison des circonstances du courant et de la pression. — 4° Ovaire à pourtour élastique et à ajustages élastiques;

il se modifie complétement en raison des circonstances, dans les limites de position que comporte le système général de la construction mécanique dont cet ovaire doit faire partie.

La nature part généralement de la quatrième classe d'ovaire mécanique pour s'élever progressivement jusqu'à la première. L'industrie humaine, au contraire, partira de la dernière, qui est la plus nette et la plus appropriée à ses travaux, généralement brusques et grossiers, pour s'élever, en raison de la délicatesse de ses opérations, aux conditions mobiles et flexibles des autres classes. L'industrie emploiera donc, elle aussi, les quatre classes d'ovaires mécaniques que je viens d'inventer, en s'attachant d'abord à la première.

FORCES D'APPLICATION.

La force qui agit sur le fluide intérieur de l'ovaire peut varier dans sa nature comme dans son mode d'application. Ce sera soit un poids, soit une pression, soit une colonne liquide, soit une influence calorique ; et chacune de ces natures de force peut agir isolée ou combinée avec les autres ; et l'application de ces forces sera soit à l'extérieur de l'enveloppe, soit à l'intérieur, soit en un ou plusieurs points ramifiés par des tubes.

Dans le cas de l'action calorique, le corps même de l'enveloppe constitue un appareil de transmission et d'échange dont on augmente la puissance par des plis, suivant les méridiens et les parallèles. La nature de ce calorique et le mode de son application à l'enveloppe peuvent varier comme on voudra.

D'autres fois, la force peut agir sans avoir de rapport avec l'enveloppe de l'ovaire, et seulement par des différences dans l'état des masses extérieures du fluide, en dehors des deux ouvertures de l'ovaire. Ainsi, dans le cas d'une seule masse fluide, une simple force de refoulement vers l'ouverture rentrante, ou une force d'appel par l'ouverture saillante, suffit pour déterminer l'écoulement.

Observez en outre que l'ovaire, dans la nature végétale ou animale, n'est pas seulement un réservoir pour le passage de courants déterminés par des influences extérieures. Il contient en effet un centre organique et un foyer d'actions chimiques, qui déterminent des faits mécaniques. L'industrie reproduit les mêmes phénomènes en plaçant dans l'intérieur de l'ovaire un foyer d'action chimique ou autre.

Placé au milieu de fluides plus ou moins divers, l'ovaire est donc un foyer de circulation, de pression et aussi d'élaboration, dans lequel s'établissent les rapports chimiques, physiques et mécaniques entre les fluides, puis aussi les transformations moléculaires et les combinaisons organiques.

Voyons maintenant l'action mécanique de l'ovaire, qu'il soit isolé dans un milieu indéfini, ou dans un milieu circonscrit par un circuit

FONCTION MÉCANIQUE.

Un ovaire isolé constitue la machine motrice, à courants de fluide, machine générale et variable de nature, suivant la manière dont agit le jet qui s'échappe par l'ajustage saillant, et dont la veine peut entraîner une gaîne de fluide extérieur.

Si l'ovaire à jet est placé dans l'ouverture d'un tube ou d'un réservoir, il donne une machine à épuisement continu. Si le jet frappe sur des pistons de cylindre, on a une machine à mouvement alternatif. Si le jet frappe sur les aubes d'un rouet ou d'une turbine, on a la machine à mouvement circulaire.

Enfin si le jet est disposé de manière que la carcasse de l'ovaire puisse céder à la réaction dans des guides ou autour d'un axe, on a les machines mobiles, à mouvement rectiligne, curviligne, circulaire.

Complété par un revêtement extérieur et distant de son enveloppe, l'ovaire constitue une machine d'échange pour des courants contraires, soit dans une même masse fluide, soit dans des masses de fluides différents; et l'enveloppe de l'ovaire est toujours l'appareil de combinaison pour ces courants contraires.

Ainsi, dans le cas où l'ovaire et son revêtement sont ouverts à leurs deux extrémités, on a deux courants indépendants et contraires. Si le revêtement est fermé au-dessus de la pointe de l'ovaire, il n'y a plus qu'un courant à deux branches contraires : le fluide entre par la base de l'ovaire, sort par la pointe, contourne l'extérieur de l'enveloppe et sort par l'ouverture inférieure du revêtement.

Si, au contraire, le revêtement est fermé au-dessous de la base de l'ovaire, le fluide extérieur entre par le haut du revêtement, longe l'extérieur de l'enveloppe de l'ovaire, lui prend sa chaleur au besoin, entre par la base de cet ovaire et sort par la pointe : on a donc encore les deux branches d'un courant dans un circuit ouvert.

Si enfin le revêtement est fermé à ses deux extrémités, on a dans l'intérieur un courant continu qui va de la base à la pointe de l'ovaire, avec une masse de fluide enfermée et toujours la même, qui s'arrête seulement quand l'influence appliquée vient à disparaître.

Ces dispositions se prêtent à l'échange de la chaleur, de la pression, du mouvement et de la combinaison entre les masses fluides, dans toutes les circonstances du chauffage, de l'éclairage, du mouvement et des générations.

CONCOURS DES FORCES PHYSIQUES.

On connaît les trois forces de l'endosmose, de la capillarité et de l'attraction absorbante, qui se manifestent dans les règnes organiques de la nature, surtout dans le règne végétal. Ces forces combinées transportent l'eau presque pure du sol à travers toute la série des cellules ou ovaires des racines, des tiges et des branches où cette eau augmente de densité, en s'élevant sous le nom de sève, avec une puissance et une vitesse considérables.

Ces faits mécaniques étant bien établis dans les organismes naturels, il faut les reproduire dans les organismes de l'industrie; et cela sera d'autant plus facile que la principale cause, jusqu'à présent ignorée, de ces faits naturels réside dans la façon d'ajustage que prennent les enveloppes des ovaires naturels, dans le sens du courant fluide, conformément aux dispositions que j'ai établies pour l'ovaire mécanique.

L'ovaire industriel pourra, en raison de ses dimensions, de la nature de ses surfaces, et des excitations externes, susciter les efforts mécaniques de la capillarité, de l'endosmose et des absorptions.

Ainsi, considérant un ovaire isolé, la forme étroite et allongée, la nature perméable et au besoin élastique de son enveloppe, les ajustages bien caractérisés dans la saillie ou dans le rentrant avec de très-petites ouvertures, toutes ces conditions permettront à cet ovaire industriel d'être de plus en plus apte à manifester les forces de l'endosmose, de la capillarité et de la déperdition extérieure.

Alors, non-seulement le courant de fluide sera considérablement activé dans l'ovaire; mais encore ce fluide y deviendra plus dense, plus riche en pression, et par suite la faculté mécanique de l'ovaire se trouvera beaucoup augmentée.

FACULTÉS ET FONCTIONS GÉNÉRALES.

Ainsi donc, l'ovaire mécanique, principe nouveau au point de vue théorique et pratique de la nouvelle mécanique générale, résume en lui toutes les aptitudes organiques que puissent réclamer les machines et les foyers à fluide.

Il peut remplir en effet les conditions suivantes :

1° Foyer de génération ;

2° Foyer de chaleur et de pression;

3° Agent de circulation alimentée dans un même fluide ou entre des fluides différents;

4° Canal générateur pour faire entrer un fluide dans un autre à pression supérieure;

5° Organe de génération et de développement pour les forces de capillarité, d'endosmose et de déperdition;

6° Machine d'épuisement à jet direct;

7° Machine fixe à mouvement alternatif ou continu, rectiligne ou circulaire;

8° Machine mobile à mouvement rectiligne, curviligne ou angulaire;

9° Appareil d'échange entre la chaleur, la pression et la nature de courants contraires, que ces courants fassent partie de circuits différents ou forment les branches d'un même circuit, que ces circuits soient ouverts dans des masses fluides qui les alimentent, ou fermés dans des masses toujours les mêmes.

L'ovaire, principe constitutif, général et complet, reproduit donc dans ses fonctions toutes les aptitudes de la génération, de la circulation et de l'effort mécanique.

LA MÉCANIQUE ORGANIQUE.

CHAPITRE III.

Développement par ovaires des êtres mécaniques.

LA LOI GÉNÉRALE.

Les conditions générales de l'ovaire isolé ont lieu, quels que soient la nature et le mode de construction de la carcasse, quels que soient aussi les dimensions générales, grandes ou petites. Aussi, tout grand organe de machine qui accomplit une fonction complète et bien déterminée, au moyen de masses fluides, doit satisfaire à ces conditions, et sera ramené dans son ensemble à la forme d'un ovaire unique.

Mais, suivant la force des machines, cet ovaire général pourrait avoir des dimensions énormes qui le rendraient grossier, violent, peu maniable et trop dispendieux. C'est précisément ce qui a lieu dans les divers systèmes de machines que l'industrie emploie jusqu'à ce jour.

Pour remédier à ces inconvénients, j'applique à la constitution et à la fonction de ces grands ovaires généraux les lois de développements organiques que l'on retrouve dans tous les règnes de la nature. Et je pose cette nouvelle loi mécanique, théorique et industrielle, que tout grand organe sera le produit des combinaisons d'ovaires partiels, qui seront groupés de manière à obtenir toute forme générale et toute puissance d'action que l'on voudra.

Cette loi générale de la juxtaposition d'une foule de petits êtres organiques à l'état élémentaire, pour en arriver à établir les constitutions et les fonctions les plus vastes et les plus compliquées, cette loi générale, c'est l'instrument simple et fécond que Dieu emploie dans l'immensité de l'univers pour créer l'immensité des êtres infiniment variables. Aussi, en cherchant bien, vous retrouverez partout cette loi, non-seulement dans le règne végétal et dans le règne animal, où elle vous saute aux yeux, mais aussi dans le règne minéral, le règne fluide, le règne céleste, etc.

Appliquez donc aussi cette loi générale de la juxtaposition des petites parties élémentaires suivant certaines règles de combinaison, appliquez cette loi générale à la mécanique industrielle, et vous pourrez alors réaliser, sous tous les volumes et sous toutes les formes, les machines les plus convenables pour reproduire l'effet plus ou moins puissant et combiné que vous recherchez. Cette réalisation, vous l'obtiendrez avec la plus grande facilité, puisque vous n'avez à faire qu'une variation de disposition dans des éléments facilement maniables; tandis qu'aujourd'hui, avec les masses énormes et générales que l'on emploie, les constitutions comme les fonctions mécaniques sont soumises à des lourdeurs, des grossièretés, des brutalités, des difficultés et des dépenses qui maintiennent la mécanique industrielle dans un état extrême d'infériorité.

Appliquez donc à cette mécanique la loi générale de l'univers; que vos machines soient constituées et fonctionnent de la même manière que tous les êtres mécaniques de la nature. Avec cette loi générale, la mécanique industrielle sera dans le vrai, le simple et le parfait. Hors de cette loi, on sera dans l'abus des complications, des grossièretés et des faussetés.

DISPOSITIONS GÉNÉRALES.

Pour les dispositions en longueur, les ovaires, plus ou moins égaux entre eux, seront distribués les uns à la suite des autres, suivant la direction droite ou courbe du circuit, de manière à être éloignés, en contact seulement ou emboîtés ; alors le courant de fluide passe successivement dans tous ces ovaires en subissant l'influence progressive de chacun d'eux.

La forme de ces ovaires partiels sera le plus souvent celle du cœur; mais souvent aussi, pour certaines pratiques peu raffinées, quand le circuit est composé d'un conduit rectangulaire ou tubulaire, on se contentera de le cloisonner par des ajustages tronc-coniques; on peut même employer de simples plaques, laissant une ouverture contre une paroi et inclinées dans le sens du courant fluide.

Pour les dispositions en largeur, les ovaires plus ou moins semblables sont établis les uns à côté des autres dans une tranche transversale du circuit ; alors chacun d'eux agit pour son compte dans des conditions identiques, et l'action de la section générale est représentée par la somme directe des actions partielles.

Ces ovaires peuvent avoir la forme en cœur et communiquer latéralement entre eux par leur ventre. On pourra prendre une simple plaque, percée dans son épaisseur de conduits tronc-coniques, qui seront un peu prolongés au petit bout par des ajustages à minces parois.

Un grand ovaire, circuit ou centre, peut donc être constitué, soit par sections transversales de petits ovaires, lesquelles sections se suivent, étant espacées, jointives ou emboîtées, les unes par rapport aux autres ; soit par tubes ou fibres longitudinales qui sont accolées à des distances plus ou moins grandes les unes des autres, pouvant communiquer entre elles, mais le plus souvent isolées dans leur fonction spéciale.

L'ovaire élémentaire est développé dans son action complète par le foyer ou le courant d'une force qui agit sur son fluide intérieur. L'application de cette force active peut avoir lieu, soit pour chaque ovaire particulier, soit pour chaque tranche ou fibre constituante, soit pour l'ensemble de l'ovaire général.

On voit donc qu'un organe de machine revêt la forme générale d'un grand ovaire, et peut être composé de toutes manières, en tronc, branches et rameaux, par des combinaisons d'ovaires partiels, dont les sommes d'action sont ajoutées et combinées en raison du résultat que l'on veut obtenir.

ÉLASTICITÉ RÉGULATRICE.

Ce que je viens d'établir pour le développement organique par ovaire des constitutions et des fonctions mécaniques, est une loi générale, universelle. Je viens de m'en occuper, surtout au point de vue des ovaires à carcasse rigide; mais elle s'applique également aux ovaires dont la carcasse est élastique d'une manière plus ou moins complète.

Ainsi, considérant un circuit représenté, par exemple, par un tube cylindrique, qu'il comprenne un seul cylindre ou un faisceau de petits cylindres, on pourra prendre des tranches de cylindre rigide et interposer entre elles des cloisons élastiques, ou bien on pourra prendre des tranches de cloisons rigides et les relier entre elles par des pourtours de cylindres élastiques.

Enfin, ayant un long circuit, composé d'une seule enveloppe générale, cylindrique ou conique, et qui serait élastique, comme un tube en caoutchouc vulcanisé, par exemple, on réalisera facilement la condition organique en enroulant sur sa surface extérieure un fil métallique en hélice ou spirale plus ou moins allongée. Quand le courant fluide à pression parcourra ce circuit, les enveloppes élastiques se gonfleront entre les tours du fil métallique, et l'on aura ainsi des formes générales de circuit qui rappelleront, pour les constructions et les fonctions industrielles, beaucoup d'êtres que la nature a créés et fait fonctionner dans ses règnes organiques.

Cette introduction de l'élasticité dans la constitution des éléments et des organes des machines industrielles est un fait entièrement nouveau, qui change, non-seulement le système de construction, mais encore le système de fonction dans certaines limites. Cette élasticité fait alors rentrer le système de la mécanique industrielle dans le système général de la mécanique organique de la nature, où l'on retrouve partout l'élasticité élémentaire, qui se trouve combinée avec l'élasticité générale.

Les avantages de ce nouveau principe sont considérables au point de vue de la facilité de construction, de transport, d'établissement, de réparation ; car, au lieu de composer les organes de grandes pièces massives, en matières de choix, vous pourrez les obtenir par la juxtaposition de petits éléments fabriqués industriellement, avec des matières plus variées et plus communes. Ces avantages sont considérables aussi au point de vue de la fonction mécanique proprement dite. Observez en effet qu'au lieu de la raideur et de la brusquerie d'action, surtout lors des variations dans les masses et dans les vitesses, on obtient une série douce et régularisée de variations dans les volumes, dans les pressions et dans les positions, de manière à obtenir un balancement général auquel concourent toutes les parties de l'organisation mécanique.

Comprenez alors qu'une machine organique qui réaliserait dans son ensemble l'application des nouveaux principes offrirait le même phénomène que les êtres organiques de la nature. Soit un grand arbre, par exemple, immense appareil mécanique, qui fonctionne sans relâche et fait circuler la sève avec une grande force dans toutes ses parties. Pour cet objet, l'arbre se trouve organisé en groupes d'ovaires à enveloppes plus ou moins élastiques, et dont chacun exerce sa fonction mécanique au milieu des plus grandes variations fluides, sans qu'il y ait besoin d'autre régulateur que le balancement général amené par l'élasticité.

LA MÉCANIQUE ORGANIQUE.

CHAPITRE IV.

Constitution des grands organes des machines.

CLASSIFICATION PAR ORGANES.

La théorie et la pratique n'ont pas encore établi d'une manière nette et complète la classification des organes essentiels d'une machine à fluides. Cependant quelle que soit la nature d'un être ou ensemble mécanique, cet être ne peut fonctionner et donner une puissance motrice qu'en accomplissant une série d'opérations distinctes, auxquelles doivent présider des organes distincts, lesquels peuvent être plus ou moins combinés entre eux.

Ainsi donc, les machines à fluides de liquides, gaz ou vapeurs, quelque variées et compliquées qu'elles soient, se composeront nécessairement des six grands organes que voici : 1° foyer de combustion ou de compression; 2° foyer d'élaboration et de pression pour le fluide spécial de la machine; 3° foyer d'alimentation pour ce fluide spécial; 4° circuit allant du foyer d'élaboration fluide au foyer d'opération; 5° foyer d'opération; 6° circuit partant du foyer d'opération pour conduire le fluide épuisé à sa destination spéciale.

Plus on étudiera l'ensemble des machines, surtout des moteurs à vapeur, plus on reconnaîtra que le nouvel ordre organique qui vient d'être indiqué est la loi générale de ces machines, et cela quelle que soit la variété de formes, de combinaisons, de positions et de natures sous laquelle se présentent ou fonctionnent ces organes et ces réunions d'organes.

Chacun de ces organes peut en effet se présenter dans des conditions bien diverses pour remplir des fonctions différentes et complexes. Soit par exemple le sixième organe dans les machines à vapeur, c'est-à-dire le circuit partant du foyer d'opération pour conduire le fluide épuisé. Ce circuit sera tantôt un simple tube jetant la vapeur dans l'air ou dans une cheminée; tantôt un ensemble qui comprend un système de condensation et des séries de conduites pour la vapeur, l'air, l'eau, qui seraient refoulés dans la chaudière;

tantôt un organisme plus ou moins complet et direct, qui refoulera la vapeur d'échappement dans la vapeur de la chaudière.

D'un autre côté, il est certaines machines simplifiées où, au premier aspect, quelques-uns de ces organes paraissent manquer ; mais, en observant bien, on finit par distinguer qu'ils existent et fonctionnent réellement. Seulement, ils se trouvent confondus ou plutôt réunis par deux ou par trois dans un même dispositif, dont le rôle se trouve alors complexe dans sa simplicité. Les machines rotatives à jets de vapeur sont précisément dans ce cas.

Quoi qu'il en soit, voici pour chacun de ces grands organes les applications des conditions établies pour l'ovaire mécanique et pour le développement par ovaires partiels. Et ces applications conduisent non-seulement à la constitution des organes considérés comme partie intégrante d'une machine générale, mais encore à la constitution d'un organe établi et fonctionnant comme une machine complète et indépendante pour l'achèvement d'un travail spécial ; car c'est là le propre de la mécanique organique, conformément à la loi de l'organisation universelle, que l'ensemble, les grands organes et les cellules élémentaires renferment, chacun en lui-même, la capacité mécanique.

FOYER DE COMBUSTION OU DE PRESSION.

Quel que soit le combustible, solide, liquide, gaz ou vapeur, je le partage en petits ovaires de combustion. Généralement aussi je m'arrange pour que chacun de ces ovaires ne projette que les gaz ou vapeurs provenant de la distillation préalable ou immédiate; et cette distillation peut être massive, ou, mieux, morcelée en ovaires.

Ces ovaires de combustion, qui peuvent être des cylindres de petit diamètre et terminés en ajustage conique, sont distribués transversalement ou longitudinalement dans l'ensemble du foyer, de manière que chacun d'eux soit entouré par le courant d'air pur qui doit alimenter sa combustion.

Quant aux gaz de la combustion, après avoir donné leur travail utile, ils s'échappent par la cheminée, dont le conduit est cloisonné en ovaires, pour enlever la chaleur et pour faciliter le tirage. En sortant de la cheminée, ces gaz sont obligés de traverser les ovaires d'une plaque tournante, qui leur enlève le restant de leur chaleur.

Ces ovaires échauffés de la plaque vont ensuite se faire entourer par les courants d'air froid qui entrent dans le conduit d'alimentation, en enlevant leur chaleur à ces ovaires, qui reviennent s'échauffer à la sortie de la cheminée. Le mouvement continu de cette plaque de transmission calorique peut être donné directement par l'action combinée des courants hélicoïdaux pour la sortie des gaz et pour l'entrée de l'air.

Cet air, échauffé par la plaque tournante, circule dans un conduit à ovaires, qui généralement entoure le conduit de la cheminée, auquel il prend le plus de chaleur possible, et arrive ainsi, par gaînes rapides et échauffées, autour des ovaires de combustion.

Ces dispositions, générales et nouvelles pour les foyers de combustion, s'appliquent à tous les appareils de chauffage et d'éclairage pour les habitations, les usines, les chaudières de machines ou autres. Je les propose surtout pour chauffer par le gaz toutes les chaudières à vapeur, fixes ou mobiles, notamment dans l'intérieur des villes, des boutiques, des caves, ce qui amènera une foule de simplifications et d'avantages sur les foyers actuels.

Les dispositions nouvelles que j'ai indiquées dans le chapitre II, sur les conditions de l'ovaire muni d'enveloppe, font voir la série des combinaisons que l'on peut adopter pour ces foyers de combustion, et la nature des résultats que l'on peut obtenir, suivant que l'on prendra une plus ou moins grande quantité de ces nouvelles dispositions.

Passant d'un foyer de combustion au foyer d'alimentation pour les éléments producteurs du fluide que l'on considère, que ces éléments soient solides, liquides, gazeux, etc., ce foyer d'alimentation sera aussi soumis à la condition d'être entretenu d'une manière continue par des courants morcelés entre des ovaires de distribution. Ainsi, par exemple, l'eau des machines à vapeur sera refoulée dans la chaudière par l'action continue de séries d'ovaires.

Et pour ce refoulement des éléments dans le foyer d'alimentation, le foyer de pression extérieure agira aussi par des ovaires, dont chacun débitera l'effort que l'on aura exercé par l'action de poids, de compression, d'explosion, de production fluide, etc.

Quand il s'agit d'une masse liquide, d'eau par exemple, enfermée dans une chambre, si on exerce une pression par un petit cylindre sur un point de ce liquide, cette pression sera transmise aux ovaires qui seront établis sur le pourtour de la chambre, et qui utiliseront cette pression. Du reste, il y a là un nouveau système de *mécanique hydrostatique*, dont je parlerai au chapitre IX.

FOYER DE GÉNÉRATION DU FLUIDE MÉCANIQUE.

Pour préciser mes propositions, soit la chaudière à vapeur dans

2

sa généralité. Je lui donne la forme d'un ovaire en cœur, dont la pointe est dirigée vers la prise de vapeur. A la base de cet ovaire général débouche le conduit à ovaires d'alimentation liquide, qui pénètre dans l'intérieur par un ajustage allongé et effilé.

Au-dessus du niveau de l'eau, on établit dans la chaudière un grand ajustage avec ouverture saillante vers la pointe de l'ovaire général. Au-dessus de cette première cloison, on en établit d'autres semblables.

La vapeur, dès qu'elle est produite dans la chambre inférieure, se trouve séparée de l'eau, et se précipite dans les étages d'ovaires déterminés par les cloisons ; là elle augmente de pression et de force pour courir vers la sortie générale. On pourra remplacer les grandes cloisons par des tranches parallèles de petits ovaires.

Le foyer de combustion est en dessous de la chaudière, et ses gaz comburés enveloppent, par un circuit cloisonné et continu, l'extérieur de cette chaudière. Pour augmenter la surface de chauffage et la tension de la vapeur, on fait traverser l'intérieur de la chaudière, surtout au centre, par des gaz de combustion qui circulent dans des tubes à ovaires. Ces tubes peuvent se ramifier de toutes manières, à travers les tranches ou les cloisons de la chaudière.

Ces dispositions générales s'appliquent à toute chaudière à vapeur, fixe ou mobile. Elles s'appliquent aussi à des réservoirs de gaz comprimés et surchauffés, et puis aussi à des réservoirs de liquides refoulés par des courants, par des colonnes d'eau ou par des actions de poids et de leviers.

Le principe général de tous ces foyers de préparation pour le fluide mécanique se résume donc comme il suit : réservoir cloisonné en ovaires dirigés dans le sens du courant général de sortie ; introduction des éléments d'alimentation par des ovaires saillants à l'intérieur ; enlèvement du fluide par l'ouverture d'ovaires à ajustages effilés ; distribution, autour des ovaires, de la cause déterminante des pressions pour le fluide mécanique.

CIRCUIT DU FLUIDE DE PRESSION.

Cet organe paraît être un des moins importants, car le plus souvent, dans les machines actuelles, il est réduit au rôle d'un simple tube, plus ou moins rude, allongé, contourné et exposé, qui conduit le fluide de la chaudière au cylindre, dans les machines à vapeur.

Or, ces négligences et ces grossièretés mécaniques dans l'établissement de cette conduite fluide, ont de grands inconvénients : elles occasionnent en effet une foule de déperditions partielles pour le courant ; ce qui amène une déperdition générale, qui peut être fort grande pour la force mécanique que l'on a réalisée à grands frais.

En résumé, aujourd'hui, dans toutes les machines fluides, le circuit allant du réservoir de pression au foyer d'opération fait perdre au fluide une grande partie de sa force mécanique. La nouvelle proposition que je fais consiste à porter une grande attention sur ce circuit, de manière à détruire ces pertes, à conserver au fluide sa force mécanique, et même à augmenter cette force, de sorte que l'importance de cet organe devienne fort grande aussi.

A cet effet, mettez de côté ces tubes grossiers, exposés, allongés dans toute sorte de contours, aboutissant par des angles brusques à des ouvertures rectangulaires et étroites, qui se trouvent plus ou moins en dehors de la ligne directe du courant aux éléments de l'opérateur sur lequel le fluide doit agir. Au contraire, donnez à ce circuit une forme droite ou régulièrement courbe, avec des ouvertures circulaires ou ovales, de manière que le courant circule directement du foyer de pression à l'élément de l'opérateur.

Ainsi donc, donnez au circuit la forme générale d'un cœur allongé et à ovaires effilés, ou bien seulement cloisonnez un tube cylindrique par des ajustages coniques ; rattachez ce circuit par sa grande base avec la pointe d'écoulement du foyer de pression, et dirigez son jet de fluide dans la position la plus favorable du foyer d'opération ; et puis, pour donner à la fonction de ce circuit tous les avantages mécaniques qu'il peut comporter, ayez des courants de chaleur autour et dans l'intérieur de ce circuit ; alors il continuera régulièrement la chaudière, car, comme elle, il fera que le fluide circulant gagnera progressivement en force.

FOYER D'OPÉRATION.

Quelle que soit la nature des opérateurs dans les machines actuelles à fluides, on peut dire qu'ils rentrent toujours dans un de ces deux principes : 1° un mouvement rectiligne, en agissant sur des pistons ; 2° un mouvement circulaire, en agissant sur des rouets.

Il est un troisième principe d'opération que je propose, et que je développerai ; c'est l'opérateur à mouvement général, dans lequel le fluide mécanique agit sur des masses fluides.

Quoi qu'il en soit de la nature des opérateurs, ils seront tous soumis au principe de simplicité dans l'application de ce principe organique : absorber pour l'effet utile toute la force mécanique que possède le fluide. A cet effet, pour avoir la plus grande force motrice, récoltez directement toute la force vive que possède le jet général de ce fluide, dans la direction même de son courant; renforcez, au besoin, la puissance de ce jet par l'entraînement d'une gaîne extérieure de fluide, qui serait prise au dehors du courant.

La masse de ce jet, étant distribuée en nombreux petits faisceaux, arrive, par un chemin court et direct, sur la surface favorable de l'opérateur; là elle agit en donnant la plus grande somme possible de sa force, puis s'échappe dans un espace libre, où elle est entraînée par une force continue de chasse ou d'aspiration. Dans cette chambre, le fluide épuisé débouche par un ajustage effilé.

Toutes les parties de ce foyer d'opération seront disposées en ovaires. Ainsi, dans le cas d'opérateurs à cylindres, le jet fluide est partagé en petits ovaires, dont les pointes sont distribuées dans le fond, et débouchent contre la surface inférieure du piston; cette surface est creusée en tronc de cône avec rayures en petits ovaires ou petites saillies.

Pour les opérateurs à rouet, le jet fluide est partagé en petits ovaires, distribués sur la bande tangentielle à la circonférence extérieure des aubes. Ces dernières sont aussi rayées, en prismes saillants, et des cloisons transversales peuvent partager les augets généraux en augets ou ovaires partiels pour chaque ovaire de jet. L'ajustage d'échappement sera aussi cloisonné en ovaires.

Quant au troisième système d'opérateurs, que j'appelle les coulicônes, et qui consiste à projeter le courant fluide contre une autre masse fluide plus ou moins immobile, c'est là surtout qu'il est essentiel d'appliquer le principe organique des ovaires. Ainsi, le jet général de la masse fluide sera partagé en un faisceau d'ovaires ou petits jets partiels, et plus ou moins espacés; et la puissance de ces petits jets sera augmentée par la forme conique des ajustages, puis par la traction de fluide postérieur dans les enveloppes de chaque ovaire.

Il est très-important que l'opérateur soit dégagé le plus tôt possible des masses du fluide épuisé; la disposition continue en cloisons effilées, après la chambre de l'opérateur, facilitera beaucoup ce dégagement. Cependant on pourra activer ce dernier par un ventilateur ou une turbine, montés sur l'arbre même du mouvement général, et refoulant le fluide, de sa chambre d'épanouissement, dans le conduit de sortie. Mais ce sont là des superfétations mécaniques dont on se dispensera le plus possible.

CIRCUIT DU FLUIDE ÉPUISÉ.

Que faire du fluide épuisé, quand il sort du circuit ou foyer d'opération? Je classerai les solutions que je présente en cinq systèmes d'emplois : 1° perdre complétement ce fluide en le laissant s'échapper dans les milieux extérieurs; 2° utiliser la force et la composition de ce fluide pour alimenter le foyer de combustion ou de pression primitive; 3° transformer ce fluide, et surtout les vapeurs, en liquides, qui viennent alimenter les foyers de génération du fluide moteur; 4° condenser le fluide pour employer sa chaleur latente et patente à dégager des vapeurs volatiles ou des gaz dissous dans des fluides; 5° forcer ce fluide épuisé à rentrer dans la masse du même liquide à forte pression, autrement dit, régénérer la force des fluides, et notamment de la vapeur. Ce dernier système d'emploi a une importance assez grande pour nécessiter un chapitre spécial; je ne m'en occuperai pas ici.

1° Perdre complétement le fluide est une chose simple, mais dispendieuse, surtout pour la vapeur; aussi devra-t-on chercher à utiliser sa chaleur dans des circuits ou bassins de chauffage. Quoi qu'il en soit, cette perte de fluide sera assujettie à la condition essentielle de débarrasser, le plus vite et le plus complétement possible, l'opérateur, en évitant l'action des remous qui viendraient obstruer cette évacuation. C'est pourquoi je propose, pour le courant d'évacuation de liquides, vapeurs ou gaz, de terminer le conduit du coursier par un ajustage conique, dont l'ouverture est moindre que celle du coursier; c'est-à-dire que je propose le contraire de ce que l'on fait généralement aujourd'hui.

Cet ajustage conique forme une saillie à mince paroi dans la masse du milieu d'évacuation, et je l'entoure d'une enveloppe en forme de cœur intérieurement. Cette enveloppe plonge, à minces parois, dans le milieu extérieur, ou se prolonge par un canal d'évacuation. Observez que, par cette disposition, le remous, loin de gêner l'évacuation, sera forcé, par les lobes du cœur enveloppé, de faciliter et d'activer l'évacuation. Cette enveloppe en cœur peut être plus ou moins prolongée et cloisonnée.

2° Le second système d'emploi pour les fluides épuisés comporte plusieurs dispositions, dont voici les principales : 1° on projettera ce fluide par un grand nombre de petits jets, dans la cheminée du foyer pour activer le tirage; 2° on récoltera sa chaleur par des plaques d'ovaires mobiles, tournantes ou à tiroirs alternatifs, qui transporteront cette chaleur aux courants d'air qui alimentent la combustion; ou bien on donnera cette chaleur récoltée aux liquides qui doivent fournir les vapeurs; 3° on dirigera ces fluides épuisés, gaz ammoniaque, par exemple, dans des liquides qui les dissoudront à froid, pour les transporter de nouveau dans le foyer de génération; 2° on dirigera ces fluides épuisés dans des récipients où, par suite de combinaisons ou de mélanges, ils entreront dans la génération du fluide moteur.

Enfin, on peut employer ces fluides épuisés à entretenir et activer la combustion du foyer lui-même. Quand les fluides sont des gaz inflammables, comme l'hydrogène carboné, l'oxyde de carbone, etc., ou des vapeurs combustibles, comme celles d'éther, d'alcool, de chloroforme, ou bien des liquides inflammables, etc., la nouvelle disposition est simple : il suffit de faire distribuer le fluide combustible par de petits ovaires ou ajustages très-ténus, et dont chacun aura sa gaîne d'air pur.

Dans le cas d'un fluide non inflammable, comme de la vapeur d'eau, par exemple, cette vapeur sera projetée, par très-petits jets, sur le combustible, tel que charbon incandescent et enfermé dans un récipient ; alors la vapeur d'eau se décompose, et il se forme des masses d'hydrogène carboné et d'oxyde de carbone. Ce courant de gaz combustibles est dirigé, par des conduites cloisonnées en ovaires, dans le foyer de combustion pour la génération du fluide moteur. Chaque petit ovaire de gaz combustible étant entouré par une gaîne d'air pur, on a une combustion générale, facile, active. Il en résulte des courants d'acide carbonique et d'azote à haute température, qui circulent parmi les générateurs et parmi les récipients du charbon incandescent, pour donner leur chaleur et s'échapper ensuite par les cheminées.

3° Le système de condenser la vapeur épuisée, pour refouler l'eau échauffée qu'elle produit dans la chaudière de génération, est très-employé; mais quand on opère la condensation par de l'eau froide, ce système a l'inconvénient d'exiger la perte d'efforts mécaniques, puis de nécessiter de grandes masses d'eau froide, qui produisent des masses d'eau chaude qu'on ne peut pas toute employer. Je propose donc d'opérer la condensation de la vapeur par le simple refroidissement direct, en ne se servant de petits jets d'eau froide que comme auxiliaire, et pour compenser la quantité de fluide perdu dans le service.

Pour réaliser ces conditions, le tube ou conduit d'évacuation sera composé d'un faisceau de petits tubes à surfaces cannelées, espacés les uns des autres, et portant des ajustages, surtout aux extrémités, pour faciliter les courants de dégagement. Chacun de ces petits tubes se trouve entouré d'air froid, dont on renouvellera la masse en déterminant un courant continu. A cet effet, on établira une enveloppe générale du faisceau au moyen d'un grand ovaire cloisonné, et ouvert par les deux bouts. Cette enveloppe pouvant prendre de l'air froid le long de son parcours, une grande partie de la vapeur sera ainsi liquéfiée sans avoir besoin d'eau froide.

Les ovaires d'écoulement projetteront l'eau de liquéfaction et la vapeur restante dans une chambre où des petits jets d'eau froide seront aussi établis. Cette chambre formera comme le vestibule d'un rouet, toujours en mouvement dans un tambour enveloppe; les palettes de ce rouet agiteront et mêleront l'eau froide, l'eau de condensation et la vapeur épuisée, puis pousseront l'eau générale qui résultera de ce mélange, dans un vestibule opposé du tambour, et ce vestibule deviendra l'ouverture d'un conduit généralement cloisonné, qui conduira cette eau dans la chaudière.

Le rouet sera mis en mouvement, soit en l'établissant sur l'axe même de la machine, et alors les circuits de vapeur épuisée seraient facilement contournés pour cet objet, soit par des bielles ou poulies provenant de l'axe de la machine, soit par l'action directe de la vapeur motrice, qui arriverait par un rameau du circuit de pression, se détachant au point où ce circuit projette la vapeur à haute pression dans l'opérateur. Il va sans dire qu'au lieu du rouet, on pourrait employer un corps de pompe ou bien un système de couli-cônes à petits jets d'eau froide, combinés avec les jets de vapeur épuisée.

4° Reste le système de condensation de la vapeur d'eau pour produire des vapeurs à basse température, ou bien des échappements de gaz dissous dans l'eau, comme l'ammoniac. Alors le système de la machine générale est double : il y a l'opérateur à vapeur d'eau et l'opérateur à vapeur éthérée ou à gaz dégagé, et la vapeur d'eau agira comme élément de chaleur, pour amener la génération des fluides pour ce second opérateur. Ainsi, le courant de la vapeur épuisée, tout en suivant le faisceau de son circuit en ovaires, traverse des gaînes ou des bassins du liquide à vaporiser ou à débarrasser du gaz dissous; alors la vapeur d'eau, toujours séparée des vapeurs ou gaz qu'elle a déterminés, s'est condensée pour réaliser cette opération, et l'eau chaude qui provient de cette condensation est rejetée ou refoulée dans la chaudière. Quant aux fluides nouvellement produits, ils opèrent, dans la série de leurs fonctions, de manière à constituer une machine complète.

Du reste, je propose aussi de laisser la vapeur d'eau mélangée avec les vapeurs volatiles ou les gaz de dissolution, dont elle détermine le dégagement; cela pourra donner quelques avantages de simplicité et d'économie. La chose sera facile à établir, en faisant déboucher le courant de vapeur épuisée par des pointes très-effilées dans les bassins ou gaînes cloisonnées, où se trouvent les liquides des nouveaux fluides.

CONDENSEURS MOBILES.

Dans toutes ces opérations mécaniques, comme aussi dans toutes les opérations de distillation, il est très-important d'avoir des condenseurs rapides d'action, peu compliqués et peu volumineux, exigeant peu d'eau froide. Les condenseurs actuels sont très-loin de satisfaire à ces conditions.

Pour réaliser ces avantages, je propose le système suivant : composez le condenseur d'un tube cannelé et roulé en hélices, légèrement espacées, suivant une forme cylindrique ou conique, etc., les deux extrémités de ce tube se repliant en dehors suivant l'axe du cylindre ; ou bien formez le cylindre avec un faisceau de petits tubes droits, cannelés et espacés, puis réunis aux extrémités par des calottes formant boîtes avec des tubulures suivant l'axe général ; ou bien, prenez un axe creux et armé de tubes rayonnants comme un hérisson. Quel que soit le système, faites-le tourner très rapidement dans l'air ou dans l'eau, ou moitié dans l'air et moitié dans l'eau, vous aurez alors un condenseur ou un refroidisseur très-énergique, dont la fonction pourra être encore activée par une enveloppe cloisonnée, dans laquelle sera déterminé un courant continu du milieu réfrigérant. Les tubulures qui forment l'axe du rouet pourront être cloisonnées en cœur dans le sens du courant, pour faciliter les courants tout en augmentant la surface extérieure.

Ces condenseurs mobiles pourront avoir telle forme, tel mouvement et tel volume que l'on voudra ; seulement, conformément aux principes généraux de la mécanique organique, je propose, pour les condenseurs à grandes masses, de les composer d'une série de petits condenseurs partiels ou cellulaires, disposés dans un châssis général ; alors le condenseur général sera la somme de ces actions partielles, tant pour les vapeurs que pour les gaz et les liquides.

LA MÉCANIQUE ORGANIQUE.

CHAPITRE V.

Nouveaux moteurs et propulseurs organiques.

COMPLÉMENT ET CLASSIFICATION.

L'industrie mécanique a multiplié d'une manière extraordinaire, surtout dans ces derniers temps, et chez les grandes sociétés de la civilisation, le nombre, la variété et la puissance des moteurs et des propulseurs. Mais, chose remarquable, cette industrie s'est attachée principalement aux plus compliqués, aux plus grossiers et aux moins efficaces des appareils possibles, et c'est à peine si elle aperçoit les appareils simples, efficaces et généraux que la nature emploie dans l'immense variété de ses êtres organiques, pour la motion et la propulsion mécaniques.

L'humanité paraît avoir, au point de vue mécanique, un immense avantage. C'est que non-seulement elle peut chercher à imiter les appareils mécaniques de la nature, mais encore elle peut créer, conformément à son propre génie organique, des appareils spéciaux et plus ou moins nouveaux. Cependant il ne faut pas se faire illusion sur cet avantage; car les appareils qui paraîtront être les plus indépendants de l'imitation de la nature, y rentreront en vérité par les lois de leur action générale, ou bien ils seront foncièrement imparfaits ou mauvais.

Pour répondre aux nécessités du progrès organique, je propose trois choses :

1° Compléter le système général des appareils moteurs et propulseurs, en créant de nouveaux appareils, plus ou moins semblables à ceux que la nature emploie, et qui manquent aujourd'hui à la mécanique industrielle;

2° Régulariser, perfectionner et développer les appareils que l'industrie a employés et emploie jusqu'à ce jour;

3° Soumettre tous ces appareils aux nouveaux principes théoriques et pratiques de la nouvelle mécanique organique.

Et la première chose à faire est d'embrasser le système complet de ces appareils, connus ou inconnus, modifiés ou nouveaux ; puis d'établir la classification dans ce vaste ensemble. C'est ce que je fais en partageant la foule de ces appareils, moteurs et propulseurs, entre les cinq espèces que voici :

1° Les plaques, 2° les roues, 3° les hélices, 4° les pointes, 5° les couli-cônes.

PLAQUES MOTRICES.

Les plaques de propulsion sont extrêmement répandues dans les êtres animés de la nature, qui sont appelés à se mouvoir dans les fluides de l'eau ou de l'air. Et l'on ne saurait trop admirer la combinaison et la variété de dispositions et de fonctions que présentent ces organes, dans leurs éléments comme dans leur ensemble. Étudiez l'action des nageoires et des écailles chez les poissons, l'action des ailes et des plumes chez les oiseaux, et vous comprendrez comment la fonction générale résulte de la somme combinée d'une foule de petites actions partielles.

La mécanique industrielle, en théorie comme en principe, n'a fait encore que des applications très-restreintes et assez grossières de ces plaques de motion, dans les surfaces pleines des rames, des pistons à surfaces rigides... sans se douter de l'immense importance du principe organique des combinaisons de petits éléments mobiles, comme les plumes, les écailles, les fanons, etc.... pour la constitution et la fonction de ces organes moteurs.

Et c'est pourquoi je propose ici l'invention nouvelle des plaques organiques de motion, qui sont basées sur ce principe : établir dans le milieu fluide une plaque composée de petits éléments mobiles. Ces éléments deviennent solidaires et forment une surface générale et rigide, quand on pousse la plaque contre le fluide dans le sens voulu pour la propulsion ; ces mêmes éléments deviennent indépendants, se soulèvent et s'ouvrent de manière à laisser passer le fluide autour des arêtes de la plaque dont la surface se trouve détruite, quand on pousse la plaque dans le sens contraire à la propulsion.

Ainsi, dans le milieu fluide, eau, air ou vapeur, soit une plaque animée d'un mouvement de va-et-vient pour produire la propulsion.

Cette plaque peut être de forme quelconque, rectangulaire, polygonale, circulaire, ovale ; elle peut être libre, étant guidée seulement par des arêtes et des coulisses, ou bien enfermée dans un conduit dont elle forme le piston.

Composez cette plaque d'un cadre extérieur, qui soit solidement fixé à la tige de manœuvre ; établissez dans le vide de ce cadre des barres fixes et parallèles, pouvant avoir une direction quelconque, et que je prends horizontales, par exemple. A ces barres, aussi minces que possible, fixez soit au moyen de substances flexibles, soit au moyen de douilles faisant charnières, de petits éléments de surfaces minces. Ces éléments seront généralement rectangulaires, aux angles légèrement arrondis, et les rebords seront jointifs ou se recouvriront plus ou moins. Ces éléments d'une même ligne appuieront leur bord inférieur sur la barre qui est située au-dessous de la ligne charnière dans le cadre de la plaque.

On voit que cette plaque est composée de rangées horizontales de petits éléments mobiles, ces lignes servant en même temps de charnière, d'axe et de support pour la partie supérieure des éléments, et aussi d'appui pour la partie inférieure de tous les éléments d'une même rangée.

La manœuvre de cette plaque se fait ainsi : les rangées d'éléments se recouvrent du côté extérieur ; alors, quand on pousse cette plaque contre le fluide, tous les éléments se ferment, se pressent et s'arc-boutent, forment une surface générale et rigide qui refoule le fluide. Quand au contraire, on ramène la plaque en avant, le fluide fait soulever tous les éléments, et ces derniers, dépourvus d'appui inférieur, tournent autour de la barre supérieure ; ils ouvrent ainsi, à travers le cadre, un passage général à la masse fluide.

Par le mouvement alternatif de cette plaque, on réalisera donc une grande force de propulsion, l'effort perdu pour ramener la plaque pouvant n'être que le dixième de l'effort de refoulement.

Ces plaques organiques formeront des rames directes que l'on peut employer à l'avant, à l'arrière, sur les flancs des navires hydrauliques ou aériens, les tiges de ces plaques qui impriment le mouvement alternatif pouvant être horizontales, ou verticales, ou inclinées ; le mouvement alternatif pouvant être rectiligne ou angulaire.

Et maintenant une nouvelle proposition, d'une importance capitale, est celle-ci. Jusqu'à présent, on ne produit la propulsion par plaques ou par piston que sur une seule surface. De là résulte que, dans le cas où un grand effort est nécessaire, cette surface présente une étendue énorme, et amène par suite une foule d'impraticabilités. Je remédie à ces inconvénients en proclamant ce nouveau principe, d'une fécondité immense en mécanique : remplacer la plaque générale à surface unique par un faisceau de deux, trois, quatre, cinq, six, dix, vingt, etc., petites plaques partielles, disposées parallèlement et à distance, les unes derrière les autres, de manière à former un faisceau organique de propulsion.

J'indiquerai d'abord l'application de ce nouveau principe aux surfaces massives, comme celles des rames ou pistons dans les masses fluides libres ou enfermées. Ainsi, ayant une rame de surface égale à quatre, vous la remplacerez par une rame composée d'un faisceau de cinq rames parallèles d'une surface égale à un ; et vous aurez une plus grande force de propulsion dans une rame plus concentrée, plus solide et plus maniable.

Mais c'est aussi dans le cylindre des machines hydrauliques ou à vapeur que l'application de ce nouveau principe aura de grandes conséquences, surtout pour les grandes masses. Ainsi, soit un cylindre à eau ou à vapeur de 1m 20 de diamètre, je le remplace par un long cylindre de 0m 60 de diamètre.

Mais alors ce nouveau cylindre se partage, par des cloisons fixes, en quatre parties ayant même longueur que le gros cylindre. Et dans chacun de ces cylindres partiels se meut un piston qui est monté sur la tige unique pour toutes les parties. Cette tige, au lieu d'un vaste et unique piston, en a donc quatre, espacés entre eux d'après la longueur des cylindres. Et cette tige continue se meut en traversant les cloisons séparatives des cylindres partiels. Et chacun de ces cylindres a ses ouvertures de vapeur desservies par des tiroirs particuliers. Mais tous ces tiroirs sont réglés de la même manière par une tige générale et par des conduites générales.

Au lieu d'avoir une tige centrale qui traverse les cloisons du cylindre général, le système des pistons partiels peut avoir une tige latérale et extérieure à ce cylindre ; cette tige est fixée au massif de chaque piston par des petites tiges perpendiculaires et à lames tranchantes, qui se meuvent dans une rainure pratiquée latéralement dans l'enveloppe cylindrique. Et cette rainure est hermétiquement fermée par un système d'élastique, qui empêche la sortie des vapeurs et permet le passage de la lame tranchante.

Cette nouvelle invention des pistons accouplés a une importance considérable pour tous les corps de pompe hydraulique ou gazeuse, et pour les machines à vapeur. Elle s'applique à tous les usages et à toutes les positions, que les cylindres soient fixes ou mobiles, à direction verticale, horizontale ou inclinée. Il en résultera d'énormes facilités au point de vue de la fabrication, du transport et de l'installation, puis aussi au point de vue du service; car, par la manœuvre de robinets et de tiroirs, on pourra régler la distribution de la vapeur, de manière à ne mettre en action que un, deux, trois, quatre etc., des cylindres partiels, suivant la force nécessaire pour le service spécial que l'on considère.

Les dispositions nouvelles qui viennent d'être indiquées, pour la réunion en faisceau des pistons à surface pleine, s'appliqueront d'une manière semblable aux plaques composées de panneaux mobiles.

Ainsi, soit un faisceau composé de plaques parallèles et à panneaux mobiles : chaque plaque partielle agit librement dans la masse fluide qui l'entoure, que cette masse soit indéfinie et libre comme les bassins et courants d'eau à l'air libre, ou qu'elle soit contenue dans un cylindre ; et la solidarité entre les cadres de toutes les plaques n'est maintenue que par des tiges ou des grillages à grandes claires-voies, qui laissent libres les masses et les passages du fluide. Dans le cas où le faisceau serait enveloppé par un conduit ouvert à ses extrémités, on ménagera des vides pour le passage du fluide entre la surface intérieure de ce conduit et le pourtour des cadres du faisceau.

Avec les plaques à panneaux telles que je viens de les décrire, soit des panneaux arc-boutés du côté opposé à la propulsion, cette dernière ne peut se faire que dans un sens ; mais voici la disposition qui permet au même panneau, animé du même mouvement alternatif, de changer à volonté le sens de la propulsion sans toucher à la machine motrice.

Dans le cadre, disposez les panneaux de chaque rangée de manière qu'ils soient assez courts ou assez flexibles pour passer au-dessus de la barre inférieure, au lieu de s'y appuyer. Dans cet état, les panneaux étant toujours mobiles, en arrière comme en avant, aucune propulsion ne serait possible dans la masse fluide ; mais établissez derrière cette surface de panneaux mobiles, dans le cadre même de la plaque, un grillage à fils forts et à grande claire-voie. Ce grillage arrêtera les panneaux quand le fluide les pressera vers lui, et l'on aura alors la surface rigide de propulsion. Maintenant, pour changer le sens de cette propulsion, il suffira d'éloigner ce premier grillage et d'en amener un semblable du côté opposé de la surface des panneaux.

Ainsi donc, soit que l'on considère une seule plaque, soit que l'on considère un faisceau de plaques parallèles, les châssis de support porteront des séries de grillages parallèles aux plaques et distancées comme elles. Un simple mouvement dans les cadres de ces grillages, qui les rapprochera d'un côté ou de l'autre des plaques, changera le sens de la propulsion.

Ce qui vient d'être dit se rapporte à des surfaces planes et directes ; mais les mêmes principes et les mêmes dispositions s'appliquent à des surfaces plus ou moins obliques, plus ou moins courbes. Et alors on pourra réaliser pour la coque des navires hydrauliques et aériens la construction en panneaux mobiles, comme la carcasse des poissons est revêtue d'écailles et la carcasse des oiseaux revêtue de plumes, et la manœuvre de tous ces petits éléments pourra être combinée avec celle des organes plus spéciaux de la propulsion.

Pour compléter ce nouveau système de propulseurs de plaques à panneaux, je propose les plaques à palmes dont la nature offre des indications multipliées. Ces palmes seront composées d'étoffes solides, flexibles et imperméables, qui sont tendues entre des arêtes solides et plus ou moins rigides, lesquelles sont articulées avec une tige ou un cadre à mouvement alternatif.

Les dispositions pour l'application de ce principe peuvent varier beaucoup. Voici la plus simple et la plus complète. En un point d'une tige solide, sont articulées, soit par charnière, soit par élastique, les arêtes de palmes triangulaires, qui, dans leur développement complet, forment un cercle autour de la tige. Les extrémités des arêtes sont réunies par des fils flexibles et forts à un anneau mobile sur la tige, et cela de chaque côté du point d'articulation, ces anneaux pouvant être arrêtés à volonté sur la tige par des saillies de manœuvre.

Ce propulseur étant placé dans l'eau, on le pousse en avant ; il s'ouvre et se développe comme un parapluie, jusqu'à ce que le cercle des palmes soit maintenu par le cône des fils tendus, dont l'anneau sera arrêté par une saillie de manœuvre sur la tige. Quand on ramènera cette tige, la résistance du fluide abattra les arêtes comme un parapluie qui se ferme. Si on veut faire la propulsion en sens contraire, la saillie-arrêt pour l'anneau d'avant sera supprimée, et la saillie-arrêt pour l'anneau d'arrière sera, au contraire, établie de manière à déterminer de ce côté le cône de soutien pour le cercle des palmes développées.

Au lieu de prendre un cercle complet, on peut n'employer qu'un secteur, et le mouvement de la tige, au lieu d'être rectiligne, peut être plus ou moins combiné dans un sens angulaire. De plus, la forme générale, au lieu d'être circulaire, peut être quadrangulaire ou tout autre. Les articulations, au lieu de se trouver sur la tige, peuvent être établies sur le cadre. Enfin, les palmes, au lieu d'être composées d'étoffes ou autres substances flexibles, pourront être formées de petits éléments rigides, mais réunis entre eux par des bandes flexibles.

On pourra aussi employer un système mixte entre les plaques à panneaux et les plaques à palmes; en voici les dispositions principales : prenez une tige animée d'un mouvement alternatif, parallèle ou angulaire; cette tige forme un axe d'articulation pour deux panneaux, qui, par le mouvement de la tige dans le fluide, se rapprochent ou s'éloignent, de manière à fermer ou à ouvrir la surface de propulsion, des saillies sur la tige pouvant faire varier leur ouverture dans un sens ou dans l'autre.

Enfin, il va sans dire que l'on pourra former des faisceaux de plaques palmées comme des faisceaux de plaques à petits panneaux mobiles. On peut aussi établir des surfaces de propulsion composées de panneaux à coulisse rentrant ou sortant le long des côtés parallèles du cadre général au moyen d'un mécanisme combiné avec le mouvement de la tige. Au lieu de panneau à face rigide, on peut employer des palmes à surfaces flexibles, qui se replieront ou se dérouleront comme des stores dans les coulisses du cadre.

En résumé, pour ce qui concerne ces nouveaux propulseurs à plaques, je les partage en quatre espèces : 1° plaques unies, 2° plaques à ailettes, 3° plaques à palmes, 4° plaques mixtes. Chacune de ces espèces peut agir dans les milieux de fluides libres ou dans les milieux compris dans des enveloppes; et chaque plaque peut agir isolément ou réunie à d'autres plaques plus ou moins semblables et parallèles, pour former un faisceau de propulsion qui pourra être prismatique, pyramidal, circulaire, etc.

Tels sont les nouveaux systèmes de moteurs organiques de la classe des plaques qui peuvent s'appliquer, d'une manière générale, à la navigation aérienne, hydraulique, sous-marine ou à tout autre effort de propulsion; et on les disposera dans le sens direct ou oblique, horizontal, vertical ou incliné, à l'avant, à l'arrière, sur les flancs, à l'intérieur ou à l'extérieur des navires, que le mouvement alternatif soit rectiligne ou angulaire.

MOTEURS A ROUES.

En ce qui concerne les moteurs et propulseurs à une ou deux grandes roues accouplées, que l'on emploie dans l'hydraulique et exceptionnellement dans les fluides de vapeur et de gaz, conformément aux nouveaux principes de la mécanique organique, je fais les nouvelles propositions que voici :

Partager chaque palette de ces grandes roues en quatre, six, dix, etc., petites palettes ayant entre elles un vide égal à la moitié de leur largeur; établir, en face de ces vides, les pleins des petites palettes du rang suivant; doubler le nombre des rangs de palettes,

Par ce partage de l'action générale en un grand nombre d'éléments, dont la somme présente une plus grande surface d'application contre l'eau, on augmentera l'énergie de la roue d'autant plus que des courants fluides s'établiront d'aval en amont, à travers les vides des palettes plongées, et que ces courants seront refoulés par les pleins des palettes qui arrivent.

De là résulte que, toute chose égale d'ailleurs, la roue pourra être moins large, sera plus concentrée dans sa masse. Poussant plus loin l'application de ces nouveaux principes, on pourra employer des rouets métalliques, dont le pourtour sera cannelé suivant les génératrices et rayé en quinconce suivant les cercles. Les saillies feront corps avec le rouet ou bien seront formées de blocs de bois ou de feuilles métalliques enfoncés dans les logements de la surface du rouet. Les avantages de ces nouvelles dispositions seront de présenter moins de volume, plus de continuité d'action, plus de vitesse circulaire et moins de force perdue à soulever une masse de fluide en aval.

En outre de ces nouvelles dispositions de roues, je propose de remplacer les grandes roues par deux, quatre, six, dix.... petits rouets, qui seraient échelonnés dans la direction d'action contre le fluide. Il sera facile, au moyen de séries de bielles échelonnées, de transmettre la force de la même machine à tous ces rouets partiels, qui pourraient être appliqués à l'avant, à l'arrière et sur les flancs des navires, pour distribuer partout l'action convenable.

MOTEURS A HÉLICES.

En ce qui concerne les hélices actuelles, je propose d'en réduire les diamètres en augmentant la vitesse et la densité d'action. A cet effet, on considérera les branches d'hélices actuelles comme les bras d'un rouet, dont le pourtour cylindrique portera des encastrements taillés en hélices. De ces encastrements, les uns resteront vides pour le passage de l'eau, les autres porteront des saillies intérieures et extérieures en hélices mobiles et encastrées ou bien fondues avec le rouet. Ces aubes ou dents en hélices seront au nombre de huit, douze, seize, vingt, etc. Leur saillie et leur forme avec oreilles qui débordent seront réglées en raison du nombre des hélices et en raison du diamètre du rouet.

On pourra compléter cette hélice générale et cylindrique, en appliquant sur ses faces antérieures et postérieures des cônes qui seront munis d'hélices progressives, continues ou à intervalles en quinconces ; ces hélices coniques viendront se raccorder avec les hélices de la surface cylindrique du rouet. Alors on aura un ensemble massif et plus ou moins creux, qui donnera une propulsion régulière et puissante. Ce corps cylindro-conique peut être remplacé par une carcasse ovoïde, et l'on forme ainsi l'ovaire hélicoïdal, qui remplacera avec avantage les hélices actuelles.

Enfin, je propose aussi de remplacer l'hélice unique et souvent énorme des navires actuels par deux, quatre, six, dix, etc., hélices partielles que l'on placera à l'arrière, à l'avant, sur les flancs, dans des châssis ou sur des axes faisant corps avec le navire. Des bielles pourront établir la solidarité de mouvement entre ces organes partiels.

MOTEURS A POINTES PERÇANTES.

En étudiant attentivement la disposition et la fonction des animaux qui se meuvent dans les fluides et surtout dans l'eau, puis la marche des hélices placées à l'arrière des navires dont l'avant refoule l'eau, puis enfin les lois de pénétration des milieux solides, liquides ou gazeux, par des pointes tournantes, j'ai été conduit à trouver le nouveau système de moteurs à pointes armées d'hélices et s'avançant comme une vrille dans la masse des milieux.

Ces pointes peuvent être plus ou moins aiguës, armées de une, deux, quatre, dix, vingt, etc., branches d'hélices, à pas plus ou moins raides, à saillies plus ou moins grandes. Ces saillies vont naturellement en augmentant de la pointe à la base du cône. Elles peuvent être produites soit par des rayures pratiquées dans la surface du cône et faisant corps avec lui, soit par de petits blocs de métal ou de bois, disposés en hélices ou en quinconce, dans les cases pratiquées à la surface métallique du cône.

Je regarde ce nouveau système de moteur à vrille comme le point de départ d'un nouveau système de navigation générale dans les fluides, l'eau, l'air, etc., et j'ai appelé ce nouveau système la *navigation perçante* ou *vélocinavie*. En voici l'exposé général :

Depuis l'origine des temps, les bons navires sont parvenus à un maximum de vitesse et à un minimum de force motrice, que tous les progrès industriels peuvent à peine modifier. Cette barrière au progrès tient à ce que tous ces bâtiments avancent par des proues fixes et à ligne continue, qui brisent l'eau et la refoulent en l'exhaussant.

La révolution navale, qui permettra de doubler l'économie et la rapidité de la marche, doit donc mettre de côté l'ancien principe épuisé et se baser sur ce principe entièrement nouveau que j'ai découvert : les navires avanceront par des proues coniques, tournantes et armées d'hélices, en perçant et écartant l'eau par un mouvement continu d'insinuation.

Ce nouveau principe change complètement les conditions de construction et de service dans les navires. Aussi n'est-ce qu'après de longs travaux que j'ai pu créer dans toutes ses parties la *vélocinavie, nouvelle navigation perçante.*

Les inventions constitutives de cet ensemble général se résument comme il suit :

1° La proue sera un cône tournant à pointe libre ou supportée ;

2° La poupe sera un cône semblable à la proue ou bien restera fixe et effilée ;

3° Le corps plongé dans l'eau sera un cylindre terminé par deux troncs de cône prolongeant la surface des pointes tournantes ;

4° Des quilles, armatures et étambots, surtout dans le plan médian, donneront la stabilité et permettront de soutenir et protéger les cônes tournants ;

5° Le corps supérieur du navire sera établi en raison de la destination spéciale : bas, étroit, court et couvert pour les navires à grande vitesse ; élevé, long, large et découvert pour les gros transports ;

6° Les navires actuels recevront le nouveau système, en appliquant sur la partie plongée de l'avant un ajustage tronc-conique, qui supportera la pointe tournante ;

7° La propulsion se fera principalement par les hélices de la pointe tournante de l'avant, mais les pointes à hélice de l'arrière pourront l'augmenter et la régulariser ;

8° Avec les pointes de l'avant, les bâtiments actuels pourront conserver en même temps leur hélice ou leurs roues. Quant aux bâtiments à voiles, des récepteurs du vent, étant placés sur le pont, pourraient faire tourner la pointe de l'avant ;

9° La voilure des vélocinaves sera en éventail, se ployant et se déployant à partir du pied du mât, ou bien en faisceaux à plaques ;

10° Le gouvernail, surtout pour l'avant à pointe libre, sera désormais à glissoire, étant composé d'une plaque métallique, qui est poussée à droite et à gauche, en dehors d'une section transversale ;

11° Les vélocinaves seront de trois classes : pour les services de grande vitesse, de gros transports et mixtes. Les dimensions et dispositions des cônes, des hélices et des ponts varieront en conséquence de ces classes.

12° Le vélocinave de guerre, à pointe libre, forte et tournante, piquera à toute vitesse dans le flanc du navire ennemi, y laissera sa pointe explosible de l'avant et fuira avec sa pointe de l'arrière.

13° Conformément au principe de la mécanique organique, on trouvera souvent avantage à remplacer les grands cylindres à grandes pointes tournantes par deux, trois, quatre, etc., cylindres plus petits et à cônes tournants aussi; ces cylindres seraient contenus par des barres transversales, et ces barres pourraient même servir de crapaudines pour faire tourner les corps des cylindres à pointes coniques armés d'hélices. On rentrerait ainsi dans le cas des hélices en ovaires. Tous ces éléments seraient mis en rapport avec la force motrice de la même machine; entre eux et au-dessus d'eux serait distribuée la carcasse du navire proprement dit.

14° Observez que mon principe général est de percer l'eau par une pointe tournante, et cela quelle que soit la combinaison de formes que l'on pourra employer pour cette pointe. Le profil et les brisures, les saillants et les rentrants de la surface extérieure de la pointe peuvent être quelconques; mais on retombera toujours dans une forme générale de cône-enveloppe sur lequel des spires ou hélices seront établis. La nature, dans ses coquillages, et l'industrie, dans la multitude de ses vrilles ou mèches pour percer les substances, donnent aussi une multitude de formes entre lesquelles on peut choisir.

Ayant établi ces parties constitutives de la vélocinavie, que l'on peut appliquer ensemble ou séparément à des navires nouveaux ou aux navires actuels, je résumerai comme il suit les principales causes de la supériorité de marche de ces nouveaux navires à pointes tournantes :

1° Les hélices de l'avant mordent dans la masse tranquille du liquide et produisent directement le plus grand effet utile pour la propulsion;

2° Ces hélices de l'avant font un énorme vide, dans lequel entre, sans résistance, le corps du bâtiment dont la forme cylindrique présente le moins de surface possible au frottement latéral;

3° Le refoulement continu par la proue n'ayant plus lieu, l'exhaussement énorme du liquide à l'avant, qui augmente beaucoup la résistance, se trouve supprimé;

4° Le frottement direct, qui résultait du brisement et du refoulement des molécules, est remplacé par un frottement d'insinuation hélicoïdal qui écarte doucement;

5° Le recul de l'hélice se trouve détruit.

De ce que je viens d'exposer résulte la vélocinavie, nouvelle navigation perçante qui amènera dans la force motrice une économie considérable à vitesse égale, et qui permettra d'accroître la vitesse de marche. C'est donc une révolution immense, comparable au moins à celle amenée par les chemins de fer dans les communications par terre.

La vélocinavie, avec ses principes, ses dispositions et ses organisations, était complétement inventée et fixée par moi dès la fin de 1856. Je l'ai tenue secrète pendant longtemps, ne la présentant qu'à l'Empereur Napoléon III. Ce sacrifice, je me l'étais imposé comme un devoir envers ma patrie.

MOTEURS A COULI-CONES.

Le nouveau système que je propose ici est produit par la réaction de la masse fluide contre un jet de fluide de même nature ou différent.

Soit un cône ouvert, cloisonné ou non à l'intérieur et plongé dans l'eau, par exemple. Dans ce cône, refoulez une masse fluide, elle sortira avec grande force par la pointe, et le jet frappera le milieu fluide. Si le cône est d'un grand diamètre et projette avec rapidité, le jet d'eau fera son trou sans amener une puissance de réaction qui soit en rapport avec sa force.

Alors je propose d'appliquer le principe de la mécanique organique en subdivisant ce jet général en un grand nombre de petits jets élémentaires plus ou moins espacés. L'ensemble de ces petits jets agissant sur une plus grande étendue de fluide, la somme de toutes les forces élémentaires dont disposent ces jets amènera un effort de propulsion bien plus grand que le gros jet isolé.

Observez que chaque petit jet, en sortant avec grande vitesse de son ajustage, amène en arrière un vide où se précipitent des filets du remous de la masse fluide, lesquels filets accompagnent aussi le jet. Pour régulariser et utiliser cette traction du fluide postérieur, enveloppez l'ajutage d'écoulement par une autre surface cylindrique ou conique, ouverte à ses deux extrémités dans la masse fluide et se prolongeant au delà de la pointe d'écoulement du couli-cône.

Le jet d'écoulement, en s'épanouissant pour se précipiter dans le cylindre enveloppé, entraînera avec lui une masse de fluide entrant par l'arrière dans l'intervalle entre les deux surfaces, de sorte qu'il y aura en réalité projection de deux ou trois fois plus de fluide contre le fluide d'arrière pour produire la propulsion.

Le moteur à couli-cônes sera donc un massif comprenant les dispositions suivantes :

1° Des séries de cônes minces et espacés sur une ou plusieurs lignes, chacun communiquant par sa grande base avec une chambre de pression d'eau et plongeant par sa petite base dans la masse de fluide qu'il faut refouler, soit l'eau de la mer;

2° Des séries semblables de cylindres ou de cônes d'un plus grand diamètre, dont chacun enveloppe un couli-cône; les extrémités ouvertes de ces enveloppes sont plongées dans la mer et appellent cette eau à accompagner, de l'avant à l'arrière, le jet de chaque couli-cône pour refouler l'eau d'arrière.

Cette disposition régulière et industrielle peut être simplifiée en imitant ce que présente la nature, surtout dans les fanons de la baleine, c'est-à-dire en brisant et dirigeant les jets par des faisceaux de brins ou par des surfaces en feuilles plus ou moins espacées.

Les masses de fluide projetées par les couli-cônes seront généralement fournies par le milieu même du fluide, eau ou air, dans lequel le navire hydraulique ou aérien se meut. Ainsi, au moyen de pompes ou mieux de rouets mis en mouvement par une force mécanique, on appellera l'eau par un tuyau placé à l'avant comme la bouche des poissons, et on la poussera dans les couli-cônes ou à travers les fanons.

On peut encore avoir un cylindre ouvert à l'arrière, terminé par le bloc ouvert de couli-cônes, contenant dans son intérieur un piston qui appuie d'un côté contre l'eau contenue dans le cylindre, et de l'autre contre la vapeur d'une chaudière. L'introduction ou la sortie de cette vapeur amène le mouvement du piston qui attire l'eau à travers les couli-cônes, ou la refoule avec plus d'énergie à travers ces mêmes couli-cônes.

Quoi qu'il en soit, ces moteurs à couli-cônes pourront être distribués à l'arrière ou sur les flancs des navires pour amener l'action que l'on voudra. Dans ces dispositions, étudiez et imitez la nature; remarquez que, généralement, elle a distribué les ouvertures à l'avant des poissons, suivant des positions et des formes combinées avec la constitution et la fonction spéciales de ces animaux.

Ainsi, généralement, vous trouvez ces ouvertures appliquées finement sur les courbes très-variables d'écailles qui terminent ce qu'on appelle *tête du poisson*, là où la section du corps est la plus forte; mais, pour les poissons à forme large et horizontale, comme la raie, vous voyez six à huit ouvertures distribuées en deux lignes obliques de chaque côté de la bouche et en dessous, pour soutenir les larges côtés du corps. Chez le requin, vous voyez cinq rangées parallèles d'ouvertures latérales en arrière de la gueule..... Chez le dauphin, vous trouvez une ouverture centrale et supérieure, etc.....

RÉSUMÉ.

On voit quelle augmentation considérable j'apporte dans le domaine des moteurs mécaniques, en modifiant les moteurs actuels et en introduisant les trois grands systèmes nouveaux de moteurs à plaques, à pointes et à couli-cônes, qui agissent, le premier, par mouvement alternatif ; le second, par mouvement circulaire ; le troisième, par mouvement de projection.

Et puis, comme nouvelle disposition d'une utilité générale pour les moteurs à courants de fluides, je proposerai ceci : une veine fluide agit en faisceau dentelé, par courbures continues et douces ; c'est ce qu'établissent mes nouvelles lois de la science universelle. Eh bien ! faites que vos récepteurs, ronets, hélices, etc., au lieu de présenter des aubes à surfaces planes, à angles rentrants, roides et profonds, n'offrent qu'une surface continue et comme plissée en dentelures continues. Faites encore que le fond du coursier ou de l'enveloppe soit aussi plissé en dentelures parallèles, les surfaces extérieures des deux dentelures étant tangentes avec intervalle, en rapport avec la profondeur des cannelures. Alors la veine fluide agira entière comme une nappe continue et ondulée, sans remous qui absorbent sa force, et vous aurez de grands avantages.

La mécanique organique se trouve donc dotée d'une richesse considérable en moteurs pour combiner, comme on voudra, le mouvement des machines industrielles dans les fluides, de même que fait la nature pour l'immense variété de ses êtres organiques.

Étudiez et imitez la nature ; vous verrez chez presque tous les poissons : 1° plaques à panneaux et à palmes dans les écailles et dans les nageoires ; 2° mouvements de rones et mouvements d'hélices dans la queue ; 3° action de couli-cônes de jets dans les ouvertures de la surface ; 4° formes coniques à l'avant et à l'arrière.

Et, chez les oiseaux, vous trouverez aussi la réunion combinée de plusieurs systèmes de moteurs organiques.

LA MÉCANIQUE ORGANIQUE.

CHAPITRE VI.

Récolte de la force des courants fluides.

RÉCOLTE MULTIPLE D'UN COURANT DIRECT.

La terre présente de tous côtés des courants d'eau et d'air qui font partie du système général de sa circulation vitale. Ces courants représentent une source continuelle de forces mécaniques vraiment gigantesques. Récoltez ces forces pour les employer soit à des travaux industriels, soit à la locomotion directe ou contraire par rapport aux courants naturels.

On sait que, sur un même cours d'eau ou suivant un même vent, on peut échelonner, en longueur comme en largeur, des séries de moteurs indépendants qui appartiennent à des machines diverses, soit pour des travaux fixes, soit pour la locomotion; mais ce qui a lieu pour les masses générales de la nature et généralement à ciel ouvert, je fais la proposition nouvelle de l'appliquer à une même machine dans le courant restreint et plus ou moins clos dont elle peut disposer.

Ainsi, au lieu de s'en tenir à un seul foyer d'opération, comme cela a lieu dans toutes les machines actuelles, je propose de multiplier le nombre des opérateurs plus ou moins semblables sur le parcours du courant continu, de manière à multiplier par 2, 3, 4, 5, 6, 10, etc., la récolte de la force motrice, ce qui augmentera la force de la machine considérée dans son ensemble.

Ainsi, soit un circuit clos, si ce n'est par ses extrémités, et qui constitue un ovaire allongé, rectiligne ou curviligne de section quelconque. Dans le circuit, le courant fluide est forcé par des pressions naturelles ou artificielles. En chaque point du parcours, le courant fluide présente la même quantité de mouvement mv; par conséquent, si, dans l'intérieur de ce courant, on introduit plusieurs récepteurs espacés, le premier récoltera plus ou moins cette quantité de mouvement mv, laquelle se trouvera rétablie après le premier récepteur, pour être encore récoltée par un second récepteur, puis par un troisième, etc. La seule condition essentielle est que ces récepteurs n'offrent jamais, par l'excès de leur masse ou par l'étroitesse de leurs ouvertures, un obstacle qui forme obstruction au courant.

Ce que j'ai proposé précédemment pour les moteurs organiques à éléments multipliés suffit pour indiquer les différents modes de récepteurs multiples que l'on peut employer pour récolter la force plusieurs fois repétée d'un même courant. Ainsi, employez des faisceaux de plaques à panneaux mobiles, des séries de cylindres avec pistons, ou des séries de rouets, ou des séries d'hélices, ou des séries de serpentins tournants dans lesquels passe le courant, ou des séries de plaques à couli-cônes. Le courant pourra être distribué entre ces divers éléments au moyen de tiroirs d'ajustages, etc.

Quelle que soit la forme du circuit, vertical, horizontal ou incliné, les récepteurs sont placés en long ou en travers, chacun ayant sa tige ou son axe de mouvement qui peut rester isolé, ou bien tous ces axes étant accouplés par des engrenages, des disques, des courroies, des bielles, des balanciers, etc. Dans le cas d'un circuit en ligne droite, comme un tube de conduite, on peut se contenter d'un seul axe de mouvement, qui porte une hélice indéfinie ou une suite d'hélices coniques.

On facilitera la continuité du courant fluide et son action la plus complète possible sur les récepteurs, en multipliant l'application du principe des ovaires, c'est-à-dire en cloisonnant le circuit par des ajustages effilés, de manière que chaque récepteur reçoive directement un jet d'écoulement et soit débarrassé le mieux possible du fluide qui vient d'opérer.

MOTION PAR LES COURANTS CONTRAIRES.

Cette nouvelle invention, tant au point de vue des principes qu'au point de vue des dispositions pratiques, est un des compléments nécessaires de la mécanique organique et universelle. L'industrie, en effet, est appelée non-seulement à se placer dans le courant des forces naturelles, mais encore à lutter contre ces courants en prenant leur force même.

Jusqu'à présent, on a profité des grands courants naturels de l'eau ou de l'air, soit pour récolter des forces industrielles à poste fixe, soit pour opérer la locomotion dans le sens du courant ou dans un sens légèrement oblique, suivant la direction de ce courant. Le principe et le fait nouveau que je proclame, c'est de marcher directement contre le courant au moyen de la force du courant lui-même.

Pour atteindre ce but, on suivra ce nouveau principe : le courant par lui-même étant une grande force mécanique, récoltez de cette force une certaine quantité dans une direction donnée, et transmettez cette somme de forces récoltées aux points nécessaires pour détruire la résistance du courant et produire la propulsion de remonte.

Ces nouvelles propositions ont quelque chose de si extraordinaire, qu'il faut insister pour démontrer qu'elles sont conformes à des dispositions simples de la nature et de la mécanique usuelle. N'avez-vous pas une foule d'animaux et de plantes qui remontent facilement les courants? et n'avez-vous pas dans la mécanique des solides plusieurs dispositions qui font voir l'action motrice des courants contraires sur un élément moteur?

Ayez, par exemple, une crémaillère large et droite sur laquelle repose une roue dentée. Si cette crémaillère se meut, ne fera-t-elle pas tourner cette roue? et cette roue ne fera-t-elle pas avancer une crémaillère semblable et parallèle à la première, en sens contraire du mouvement de cette crémaillère motrice?

Or, remarquez que cette crémaillère, qui se meut en suivant sa longueur, n'est qu'un courant de force. Il en est de même pour les circonférences dentées et en mouvement, qui seraient tangentielles intérieurement ou extérieurement avec les dents de la roue ou les filets de l'hélice. On aurait donc des courants rectilignes ou circulaires de force, qui amèneraient le mouvement en sens contraire au moyen d'appareils intermédiaires, de crémaillères, chaînes, roues ou hélices, fixes ou mobiles, qui engreneraient avec ces courants.

Ces considérations nouvelles et larges sur la condition des engrenages solides sont évidentes, parce qu'elles s'appliquent à des objets usuels. Mais elles n'en seront pas moins vraies pour les courants fluides, qui, d'après mes nouvelles lois de la science universelle, ne sont que des faisceaux mobiles de crémaillères droites ou courbes.

Ainsi on voit partout et tous les jours, les courants d'eau produire le mouvement en sens contraire de roues tournantes dans des bâtiments fixes. Quant à l'application de ce principe nouveau et fécond à des masses mobiles, elle peut se faire de bien des manières, qui se classeront toutes dans les trois nouveaux systèmes d'agents moteurs que j'appelle les *grimpeurs hydrauliques et gazeux* : soit les grimpeurs à roues, à hélices, à plaques, à couli-cônes.

GRIMPEURS A ROUES, A HÉLICES, A PLAQUES.

Soit un rouet à palettes plongées, ou un cylindre fermé pour surnager et présentant des cannelures généralement profondes sur son pourtour. L'axe de ce rouet tourne dans un châssis solide. Si cet appareil est placé en travers de la surface d'un courant, le rouet tournera, ses aubes frapperont l'eau en amont et amèneront ainsi la tendance à remonter le courant en entraînant le châssis plus ou moins plongé; de plus, l'axe du rouet conservera une portion de force motrice.

Disposez maintenant plusieurs de ces rouets élémentaires dans un même châssis, qui a sa longueur dans le sens du courant. Alors les rouets à axes parallèles sont placés les uns derrières les autres. Vous aurez ainsi le même châssis soumis à la somme des influences motrices de tous ces rouets élémentaires, et vous réunirez ces récoltes des forces motrices de tous ces petits axes partiels pour concentrer la propulsion.

Et, maintenant, distribuez ces lignes longitudinales de châssis à rouets moteurs dans l'intérieur ou sur le pourtour d'un même châssis général : l'action du courant s'exerçant sur les rouets qui donnent la force de propulsion, vous réaliserez ainsi un appareil organique et doué d'énergie pour remonter le courant par la force même de ce courant. C'est le grimpeur à roues.

Dans les dispositions qui précèdent, remplacez le rouet par une hélice, dont l'axe est mobile dans le châssis qui la supporte. Cette hélice pouvant être libre dans le courant, ou bien enveloppée par un cylindre ouvert aux deux bouts et qui fait corps avec le châssis ; disposez les appareils de manière que l'axe de l'hélice, plus ou moins longue et plus ou moins conique à ses extrémités, soit placée toujours dans la direction du courant.

Il arrive alors que la force de ce courant, agissant par l'amont sur le devant de l'hélice, la fait tourner, ce qui amène une réaction postérieure contre le fluide en aval, et, par suite, la tendance pour l'hélice à remonter le courant en entraînant le châssis avec elle. On pourra aussi établir, comme précédemment pour les rouets, le nouveau système organique des grimpeurs à hélices.

Les grimpeurs à plaques seraient fixés à des chaînes sans fin.

GRIMPEURS ORGANIQUES A COULI-CÔNES.

Soit maintenant la création théorique et pratique des grimpeurs à couli-cônes. Présentez au courant la grande base d'un tronc de cône ou de pyramide, creux, allongé et ouvert : l'eau, s'engouffrant en amont dans la grande base sera rejetée par la petite base avec une vitesse supérieure à celle du courant, et bien plus supérieure encore à la vitesse de l'eau, qui forme un remous en arrière du cône.

Le jet d'écoulement, qui vient d'amont, amènera donc contre les masses d'eau en aval une réaction qui produira la propulsion vers l'amont. On augmentera cette action en plaçant le cône dans une enveloppe, conique ou cylindrique, qui laisse une ouverture circulaire en amont, ouverture par laquelle entrera le courant qui vient renforcer le jet de projection. Et cet effet sera rendu plus grand en cloisonnant l'intérieur par des ajustages coniques à ouvertures graduelles. Tel est le couli-cône élémentaire.

La réunion combinée de ces éléments sera disposée de plusieurs manières pour augmenter beaucoup la puissance grimpante du système.

Soit, par exemple, la réunion dans un même châssis de quatre cônes, dont les cercles de la grande base sont jointifs sur la base d'amont ; les surfaces intérieures de ces cônes seront prolongées en avant de cette base, et détermineront par leur intersection une pyramide quadrangulaire à faces courbes, laquelle pyramyde aura pour base le menisque entre les quatre grands cercles des cônes.

Sur la face du châssis en aval se trouvent les quatre petits cercles d'écoulement des cônes, disposés aux angles d'un carré. Dans ce carré, inscrivez un cercle qui servira de grande base à un cône droit, qui monte jusqu'au sommet de la pyramide d'amont. Ce cône creux recevra les flots de remous que déterminent les jets des quatre couli-cônes contre le fluide d'aval; et ces flots de remous étant refoulés contre les parois de ce cône, d'aval en amont, tendront à augmenter la puissance de remonte.

On peut favoriser cette action motrice, en perçant la pointe de la pyramide centrale; de manière à projeter contre le courant un petit jet provenant des flots de remous; il en résultera que l'action de ces flots sera plus régulière, que le jet fera, en avant des pointes, un vide qui favorisera beaucoup la pénétration de tout le système, en même temps qu'il forcera la masse des courants à se partager en filets plus rapides pour pénétrer dans l'axe de chaque cône.

Enfin, on pourra encore augmenter cette puissance grimpante par la disposition que voici : le cône intérieur porte lui-même un cône intérieur et central, de base moindre, de hauteur moindre, mais d'angle plus grand. Ce cône central peut avoir une ouverture d'écoulement. Alors il arrive ceci : les jets d'eau qui sont projetés en aval par les ouvertures de chaque couli-cône déterminent les flots de remous dans le cône central; et ce dernier, en projetant ces flots contre les parois un peu arrondies du cône intérieur, détermine un retour de ces flots de l'amont à l'aval entre les parois du cône intérieur et la surface extérieure du cône central. Ce sera donc un grand anneau de jets fluides que le cône intérieur projettera d'amont en aval. Et ce jet, se réunissant aux jets directs des couli-cônes, augmentera beaucoup la masse du fluide qui choque l'eau plus ou moins dormante en aval, et produit ainsi la propulsion contre le courant.

Ce que je viens de proposer pour la disposition quadrangulaire des couli-cônes peut s'appliquer à des dispositions binaires, triangulaires, pentagonales, hexagonales... et ces dispositions peuvent être accolées comme on voudra et en nombre que l'on voudra, dans le même châssis.

Ainsi, on peut avoir un châssis placé en travers du courant comme un grillage plus ou moins épais occupé par des centaines, des milliers de couli-cônes. Ou bien on peut avoir un châssis placé dans le sens du courant avec des tranches parallèles et plus ou moins espacées de grillages à couli-cônes. Enfin, on peut avoir des châssis complets et de forme quelconque, composés de tranches transversales et de tranches longitudinales de couli-cônes, et ce sera le grimpeur complet à couli-cônes.

APPLICATION AUX NAVIRES.

Ces trois systèmes de grimpeurs hydrauliques, à roue, à hélice, à couli-cônes, étant excités par un léger effort, on les appliquera aux navires pour remonter les courants dans les conditions suivantes :

1° Navire qui porte en lui-même les grimpeurs. Les châssis longitudinaux de ces grimpeurs seront fixés dans le plan médian du navire, comme il suit : à la quille pour les couli-cônes; dans un tube de traverse pour les hélices; dans un coursier supérieur pour les roues. Ces mêmes grimpeurs pourront être fixés sur les flancs du navire : les roues par deux sur le même axe transversal, les hélices dans les rentrants de la coque, les couli-cônes partout où l'on voudra. Enfin, on peut entasser les grimpeurs à l'avant ou mieux à l'arrière du bâtiment. On peut aussi employer des navires jumellés, de formes fines, solidement accouplés et présentant entre eux un vide pour le passage du courant, dans lequel on établira les roues, les hélices, couli-cônes, etc...

J'observerai que des plaques de couli-cônes creux, formant un grillage extrêmement léger et solide, pourraient être employées à former la coque même du navire, la face intérieure de ces plaques étant pleine, moulée ou forgée, suivant la forme générale de cette coque.

2° Navire ordinaire qui reçoit temporairement l'application d'un grimpeur hydraulique pour remonter un courant. On disposera les grimpeurs en châssis aussi complets et aussi puissants que possible, et on les fixera au moyen de crochets, de cordes, de boulons, de vis, etc., sur les flancs, à l'avant, à l'arrière du navire. Pour les grands châssis de l'avant et de l'arrière, on pourra leur donner la forme d'éperons creux et angulaires, qui enfourcheront l'avant et l'arrière.

3° Grimpeur de remorque, composé seulement d'organes grimpeurs et pouvant présenter ainsi une force considérable sous un volume assez restreint. Généralement ce sera un faisceau solide de quatre, cinq, six, etc., lignes parallèles de grimpeurs combinés.

4° Les grimpeurs peuvent être rendus fixes, et les forces qu'ils récoltent et produisent seraient utilisées pour les travaux que l'on voudra; soit le halage des navires contre les courants.

RÉSUMÉ.

Ce que je viens d'établir et de proposer s'applique à tous les courants de fluides liquides et gazeux, par conséquent aux vents ou grands *courants naturels* de l'air. Ainsi, je propose, au sujet des vents contraires, d'établir sur la partie supérieure des navires, et comme on le voudra, des grimpeurs à hélices et surtout à couli-cônes, comprenant généralement des châssis en fil de fer avec surfaces en étoffe. Ces grimpeurs rassembleront et concentreront la force du vent, pour amener une réaction contre l'air postérieur, et, par suite, produire la traction.

Ces nouvelles dispositions permettent de profiter des courants atmosphériques, soit pour les machines fixes, soit pour les machines de locomotion, beaucoup plus et beaucoup mieux qu'on ne l'a fait jusqu'à présent.

Ainsi, dans les moulins à vent, remplacez les quatre ailes à diamètre énorme par huit, douze ailes à moindre diamètre; récoltez par des manches coniques les masses du courant pour les concentrer en faisceaux qui agissent sur des rouets, des hélices ou des couli-cônes. Remplacez la gigantesque surface des plans des voilures sur les vaisseaux, par l'emploi de faisceaux de dix, vingt, cinquante, etc., plans beaucoup plus petits et groupés autour du navire.

Ayant établi, dans les lois nouvelles de la science universelle, que les courants fluides sont des faisceaux de filets en crémaillère comme un chapelet d'ovaires, pour que l'action de ces filets soit la plus efficace possible, il faut que les récepteurs de cette action présentent à ces lignes dentées des dispositions dentées aussi, qui amènent l'engrenage nécessaire. C'est pourquoi je pose en principe général les nouvelles dispositions organiques que voici : morceler le courant fluide en une somme de petits faisceaux ; faire agir chacun de ces petits filets dans un petit canal pratiqué dans l'épaisseur de la surface réceptrice ; canneler le pourtour de ce canal de manière à offrir une véritable dentelure d'engrenage.

En résumé, je propose ces choses nouvelles en présence d'un courant de fluide : 1° Nouveau mode de récolter cette force par des multitudes de petits éléments, roues, plaques, hélices, couli-cônes... qui peuvent être combinés dans des massifs spéciaux ; 2° utiliser la force du courant direct ou contraire, pour des travaux spéciaux à poste fixe ; 3° établir les grimpeurs de courants, qui surmontent ce courant en vertu de la force même de ce dernier réunie à l'influence mécanique de certaines dispositions ; 4° appliquer d'une manière fixe ou temporaire ces appareils grimpeurs aux navires sur l'eau et dans l'air ; 5° combiner le morcellement des filets d'eau dans des petits canaux rayés.

LA MÉCANIQUE ORGANIQUE.

CHAPITRE VII.

Création de courants dans les milieux.

PRINCIPES ET CLASSIFICATION.

Les courants que la nature présente dans les milieux des eaux et de l'atmosphère sont sans doute une source extrêmement précieuse de force mécanique pour l'industrie humaine; mais ces forces n'existent que sur certaines parties très-limitées de la surface terrestre, et encore elles ne fonctionnent le plus souvent que d'une manière irrégulière, précaire, accidentelle pour nos opérations.

Il en résulte que l'industrie humaine, pour être universelle, doit être douée de la faculté de créer, suivant ses besoins, des forces motrices là où elle se trouve. Jusqu'à présent, elle ne s'est attachée qu'à des machines grossières à contre-poids; puis, dans ces derniers temps, à des machines multipliées, combinées et plus ou moins raffinées, qui sont basées sur l'emploi de la vapeur d'eau. C'est là, on peut le dire, une carrière extraordinairement bornée et fourvoyée dans sa généralité. L'humanité se condamne, en effet, à ne jouir que d'une force rare et réduite, au prix de difficultés et de dépenses inouïes de construction et de service.

La révolution que j'amène dans la mécanique, sous ce rapport, consiste à proclamer à l'industrie générale ces nouveaux principes : puisez largement, partout et avec facilité, dans l'ensemble des milieux universels de la gravité, de l'eau et de l'air qui vous entourent. Ces milieux, même quand ils sont dans l'équilibre le plus parfait et d'apparence la plus inerte, sont, en réalité, des réservoirs indéfinis de forces mécaniques permanentes, qu'il suffit de savoir mettre en action.

Occupez-vous donc, non-seulement d'étudier les conditions d'équilibre et de fonction pour les forces renfermées dans ces milieux, mais encore étudiez comment la nature agit pour que chaque être devienne un véritable appareil mécanique qui fonctionne en vertu des forces mêmes que cet appareil puise et détermine dans les milieux en équilibre. L'être profite d'une manière permanente de ces forces pendant tout le temps que durent les organes de l'appareil, c'est-à-dire la vie de l'être organique même.

Alors l'industrie, pour la création de ses êtres mécaniques, s'occupera surtout de puiser les forces mécaniques qui paraissent comme endormies dans les masses des milieux en équilibre où elle doit opérer. A cet effet, vous déterminerez la nature de l'appareil que vous devez établir et la nature de la force initiale ou d'entretien que vous devez dépenser; cela fait, vous disposerez tout pour obtenir des efforts qui seront alimentés par les forces permanentes et indéfinies que vous exciterez dans les milieux mêmes où la machine est plongée. Alors vous pourrez puiser partout des forces énormes et réaliser tel travail ou telle locomotion que vous voudrez.

Ce que j'annonce là est quelque chose de si extraordinaire par sa nouveauté, son utilité et ses conséquences, que vous aurez de la peine à y croire; et cependant c'est une chose si vraie, si simple, si logique, si naturelle, que tout le monde la verra et la pratiquera pour le plus grand avantage des progrès généraux de l'humanité.

Et cette immense révolution de la mécanique générale à fluides qui trouve partout, dans toute l'étendue des milieux, les forces dont elle a besoin, vous pourrez la réaliser d'une foule de manières. Et toutes ces manières, je les classe dans les quatre espèces suivantes :

1° Courant fluide à pression simple;

2° Courant fluide à pression combinée;

3° Courant fluide à déplacement;

4° Courant fluide à pression artificielle.

CRÉATION DES COURANTS A PRESSION SIMPLE.

Ce nouveau système de mécanique naturelle, je l'appelle *courant à pression simple*, parce qu'il est basé sur ce nouveau principe : Construire un appareil qui, placé dans les milieux, eau, air, etc., éveille directement l'action isolée des forces diverses, qui sont dans ces milieux, et se prête à l'action directe et continue de ces forces éveillées. Pour poser au point de vue pratique les principes de cette nouvelle invention, je passe à la description de la machine générale que voici.

Étant donné, la mer avec sa surface en équilibre, puis, l'atmosphère en équilibre, établir une machine qui, d'elle-même, élève l'eau de la mer à plusieurs atmosphères de hauteur. Le problème se réduit, en réalité, à reproduire par la mécanique le phénomène de l'ascension de la sève dans les arbres, ou autres phénomènes de circulation organique chez les animaux, etc.

Ainsi, soit un cylindre général plongé dans l'eau par sa base inférieure. Le corps de ce cylindre, représentant la tige de l'arbre, est composé de tranches de petits ovaires jointifs dont les ajustages coniques sont dirigés de bas en haut et qui ont des ouvertures étroites. Le pourtour de ces ovaires est composé de substances poreuses attractives, mais inattaquables par rapport à l'eau. Ces ovaires sont superposés ou emboîtés de manière que l'ensemble des ouvertures sur une même ligne forme un petit canal libre.

On comprend ce qui arrive sous l'action de ces forces réunies : attraction des ajustages, endosmose, capillarité et pression atmosphérique. L'eau s'élève d'elle-même dans la tige jusqu'à une certaine hauteur où on pourra la récolter pour tel usage ou tel effort que l'on voudra.

La disposition la plus économique et la plus simple sera de composer la tige de tranches de matières très-poreuses, en poteries ou autres substances, percées de petits canaux cylindriques ou légèrement coniques. Ces tranches solides sont empilées en interposant entre elles des couches d'étoffes fortes, mais perméables que l'on pourra au besoin percer légèrement au centre des petits canaux de chaque tranche. On peut les remplir de sables ou autres poussières inattaquables.

On formera ainsi la série organique des ovaires dans l'ensemble de la pile ou tige. On peut composer aussi cette pile par des plaques métalliques percées de trous, ou par des grillages-fins, en interposant entre ces tranches métalliques des tranches de tissus ; on peut encore employer des cylindres creux et concentriques ; enfin, on peut se contenter d'un faisceau de filaments ou de tissus serrés sur le pourtour par une enveloppe de corde, tissus, fils métalliques, métal percé de petits trous, etc.

On imitera les dispositions de la nature dans les racines et dans les sommets des arbres, en terminant le bas du cylindre plongé dans l'eau par des lignes d'ovaires isolées et prolongées pour pomper le plus d'eau possible. D'un autre côté, à son sommet, le tronc cylindrique s'épanouira en plusieurs lignes d'ovaires répandus sur une longue surface et se recourbant généralement vers le bas pour faciliter la dépense et l'écoulement du liquide. Ces derniers ovaires d'écoulement seront très-effilés ; on pourra même les rayer extérieurement en hélice pour rendre le jet perçant avec rotation...

Ce qui vient d'être dit pour la mer, peut être aussi réalisé pour un cours ou un réservoir quelconque de liquide. L'on a ainsi tout un nouveau système de machines qui sera d'un grand avantage pour une foule d'usages. Ainsi, on transportera les masses d'eau à la hauteur que l'on voudra, sur les sommets les plus arides, et on épuisera les bas-fonds, marais et lagunes, sans service et presque sans effort, pourvu que l'on ait soin d'établir, dans le haut, les canaux d'absorption ou d'écoulement du liquide.

Ces nouveaux principes mécaniques pour des automoteurs à force naturelle, peuvent s'appliquer aussi à des machines directement rotatives, tout en élevant le liquide à une certaine hauteur. Ainsi, soit une roue en partie plongée dans l'eau : au lieu de plaques métalliques ou en bois, qui forment les aubes ordinaires, on remplira tout ce pourtour d'action par des canaux à ovaires emboîtés et plus ou moins poreux, ces canaux ayant la courbure des aubes.

L'eau, en montant dans ces canaux, produira un effort mécanique qui fera tourner constamment la roue; et cette eau, après avoir agi, sera portée vers le centre de la roue; là on en fera ce que l'on voudra. On peut même appliquer cette roue à des bateaux ou à des trains auxquels elle donnera la propulsion. On a donc ainsi machine d'épuisement, moteur circulaire, fixe ou mobile.

Ainsi, on pourra établir des courants fluides et des machines motrices de toute forme et de toute direction dans les milieux de fluides en équilibre. Observez que ce n'est pas seulement de l'air et de l'eau qu'il s'agit. Que tout milieu composé de gaz, de vapeur, de liquide quelconque, se prête aux mêmes dispositions.

Ainsi, la machine peut opérer de gaz à gaz, de vapeur à vapeur, de liquide à liquide, de gaz à vapeur ou à liquide, de vapeur à liquide. La grande attention consistera à employer des milieux fluides qui ne puissent ni se pénétrer ni se combiner entre eux ; à employer des substances de construction qui soient attractives pour les fluides; à disposer les formes et les intervalles cellulaires en raison des densités, des pressions et des viscosités des fluides.

Je terminerai par cette proposition générale : Le circuit, au lieu d'être plongé librement dans le milieu à masse indéfinie, peut être entouré d'une simple gaîne déterminée par une enveloppe. Et cette gaîne fluide peut être ou en repos ou en mouvement. On comprendra qu'il y a là un moyen de faire varier, dans une série de combinaisons, la force mécanique du courant général que l'on déterminera.

COURANTS A PRESSION COMBINÉE.

J'appelle ainsi des courants liquides qui se forment d'une manière continue dans un liquide en équilibre par la combinaison de ces trois influences : la force élastique de l'air, la puissance des ajustages en ovaire, les lois hydrostatiques des liquides. Voici les dispositions générales de cette nouvelle mécanique organique.

Soit un bassin à l'air libre, la mer, par exemple. Plongez-y un cylindre creux et ouvert contenant dans son intérieur un cône central, vertical et creux, la base en bas ; ce cône général est cloisonné en ovaires, dont la pointe ouverte est toujours en haut ; le diamètre de la grande base de ce cône est plus petit que le diamètre intérieur du cylindre. A une certaine hauteur au-dessus des bases inférieures, l'intervalle entre le cylindre et la surface extérieure du cône est fortement cloisonné.

En chargeant convenablement, enfoncez ce cylindre vertical dans l'eau. Cette eau se précipitera dans le cône central, de manière à dépasser même le niveau extérieur. En même temps, l'air sera comprimé au bas par l'espèce de cloche qui est formée par la cloison transversale, l'intérieur du cylindre et l'extérieur du cône. Et cet air sera à la pression de deux atmosphères, si le niveau de l'eau dans cette cloche se trouve à 10 mètres environ au-dessous du niveau extérieur. L'eau projetée par la pointe du cône retombera dans le cylindre, où elle se maintiendra au moins au niveau du bassin général.

Cela posé, placez dans le cylindre prolongé en l'air un autre cône cloisonné en ovaire, et qui enfourche la pointe du cône inférieur, en laissant le passage libre. Barrez transversalement le cylindre à une certaine hauteur au-dessus de la base ouverte de ce cône supérieur et établissez un tube de communication entre le dessous des deux barrages, il se fera là une seconde chambre d'air à la pression de deux atmosphères comme dans la chambre inférieure.

Alors il arrive ceci : l'air comprimé presse sur le niveau de l'eau dans le cylindre, force cette eau à entrer par la base du second cône et à monter dans ce dernier, en facilitant l'écoulement, par la pointe du premier cône, de l'eau que fournit le bassin extérieur sous l'action de la pression atmosphérique. Ce second réservoir d'air comprimé devient ainsi une force motrice que l'on a transportée du bas du cylindre jusqu'au niveau de la mer.

Et l'on peut ainsi, en prolongeant le cylindre et en employant un troisième cône disposé d'une manière semblable, avoir une troisième chambre d'air comprimé, puis une quatrième, puis une cinquième, etc.

Ce qui vient d'être indiqué suffit pour faire comprendre les nouveaux principes des nouveaux appareils pour élever d'une manière continue par l'action des agents naturels, sans le concours d'effort artificiel, l'eau de la mer à une certaine hauteur, laquelle hauteur ira nécessairement en diminuant d'un cône à l'autre, et d'une chambre à l'autre, à mesure qu'on s'élève.

Il y a dans ces propositions, non-seulement de grandes inventions mécaniques pour l'industrie humaine, mais aussi la découverte de tout un ordre de phénomènes naturels et de lois qui se manifestent dans la circulation générale chez les règnes organiques de la nature et notamment chez les végétaux.

Au lieu d'employer une enveloppe cylindrique pour tout le système, il sera plus rationnel et plus avantageux d'employer un grand cône général et même des séries d'emboîtement en forme de cœur. Du reste, on peut faire varier la direction du courant comme on voudra, et même la courber pour l'adapter aux divers mécanismes.

En résumé, l'appareil peut être construit de manière à former un ensemble solide, dont le pourtour aura telle forme et telle étendue que l'on voudra. Et comme sa profondeur peut être augmentée autant que le comporte le bassin, on sera en position de récolter, au fond de la mer, par exemple, des forces motrices vraiment énormes et qui ne coûteront presque rien.

En adaptant dans les réservoirs supérieurs des robinets ou des tiroirs à l'ouverture des tubes d'arrivée de l'eau, de l'air comprimé et du tube d'écoulement, on se trouvera maître de régler à volonté la continuité ou l'alternative, la masse et la vitesse du courant d'eau qui s'échappera du réservoir.

Cette force de l'eau rejetée, on l'utilisera comme on voudra, soit pour l'élévation en colonne, soit pour le refoulement horizontal, soit pour l'action dans des corps de pompes à piston avec bielles, soit directement sur des roues horizontales ou verticales, soit enfin sur des hélices, à axe horizontal ou vertical, etc...

Et ces moteurs ainsi établis, on utilisera leur action pour tous les usages possibles, soit dans des bâtiments établis sur l'eau, à poste fixe ou mobile, soit dans des établissements établis sur les rivages; et cela aura lieu pour la mer, comme pour les lacs, les rivières, les bassins quelconques, naturels ou artificiels.

L'emploi du nouveau système sera des plus avantageux pour la navigation générale. Ainsi, prenant un navire actuel, on pratiquera un puits vertical dans le plan médian de la coque, en un point quelconque, soit au milieu, à l'avant, à l'arrière... Dans ce puits on logera un fort cône ou cylindre métallique, lequel contiendra : en bas, la cloche ouverte ; au milieu, les tubes à eau et à air cloisonnés ; en haut, le réservoir ou jet d'écoulement.

Partant de ce sommet, l'eau pourra frapper directement sur un rouet faisant corps soit avec l'arbre des roues motrices, soit avec l'axe des hélices de propulsion ; ou bien frapper à travers des plaques de couli-cônes qui permettront la propulsion directe sur les flancs, à l'arrière et à l'avant du navire ; ou bien enfin se distribuer pour tel autre mode de motion et de propulsion que l'on voudra.

Pour profiter des très-grandes profondeurs et pour opérer des transports énormes, sûrs mais lents, on pourra développer les navires en profondeur en leur donnant la forme de troncs de cônes à coupe elliptique et dont la grande base est au fond. Des dispositions par emboîtements ou par élastiques permettraient d'allonger le cylindre au-dessous de la quille.

Le liquide d'écoulement, après avoir donné la force motrice, peut retomber dans le bassin qui se trouve ainsi entretenu à un niveau constant. C'est pourquoi je propose les nouvelles machines, plus ou moins puissantes et plus ou moins portatives, qui s'entretiendront d'elles-mêmes en mouvement avec la même masse fluide, sauf quelques fractions de déperdition pour le service et l'animation.

Ce nouveau système de fluido-presse, ou de courants à pression combinée, s'applique à tout liquide et à tout gaz qui n'exerceront l'un sur l'autre aucune action chimique, dissolvante ou de condensation ; et l'emploi de ces machines aura lieu pour vider les bassins de liquide, pour réaliser les forces motrices, pour être appliqué aux travaux industriels et aux tranports de toute sorte.

PRESSION A DÉPLACEMENT.

Ayant une masse fluide en équilibre, gaz ou liquides, je propose la grande invention théorique et pratique de produire dans cette masse immobile un courant aussi étendu, aussi puissant, aussi divers de direction et de profondeur que l'on voudra ; et cela par le simple déplacement d'une petite portion de ce fluide.

Pour l'application de ce principe nouveau et fécond de la mécanique universelle, je propose ce qui suit : soit une masse fluide indéfinie, la mer, par exemple : en un point donné et dans l'intérieur de cette masse d'eau, établissez un conduit ou circuit de forme quelconque dirigé et développé comme on voudra. Soit un tube plus ou moins contourné et dont les deux extrémités sont ouvertes.

Etablissez dans l'intérieur de ce tube un grand courant dont on récoltera la force motrice comme il a été dit précédemment. Cet établissement du courant se fera par une force de pression ou d'appel venant de l'intérieur, et qui sera appliquée, soit à l'un des orifices du tube, soit à un point quelconque de son intérieur. Et cela peut avoir lieu que le tube soit fixe ou mobile dans l'intérieur du milieu.

Comme exemple le plus frappant et le plus important de cette nouvelle invention et des conséquences immenses qu'elle doit avoir, je propose la révolution suivante, dans la navigation générale :

Soit un vaisseau sur l'eau. Dans l'intérieur de ce vaisseau, établissez un grand tube qui descende le long de la proue, se coude pour se développer à fond de cale le long de la quille, se recourbe ensuite pour s'élever le long de la poupe.

Une ouverture, celle de la proue, par exemple, communique avec la mer au-dessous de la ligne de flottaison. D'un autre côté, à l'ouverture libre de la poupe, on enlève, par un moyen manuel ou mécanique, une certaine quantité d'eau. Il est évident que cette eau ne pourra être fournie que par une même quantité d'eau provenant de la mer, qui s'engouffrera dans l'ouverture de la proue, parcourera toute l'étendue du tube et y développera une force motrice que l'on pourra récolter par des hélices placées dans l'intérieur. Cette récolte de force motrice ne coûtant rien pourra être énorme et sera transmise aux propulseurs adoptés pour le navire.

Le courant, dans le tube du vaisseau, peut être aussi obtenu au moyen d'une turbine ou d'un corps de pompe à deux cylindres qui refouleraient l'eau par une extrémité du tube en la forçant de sortir par l'autre. Enfin, la turbine ou la pompe pourraient être établies à fond de cale, au milieu du tube de la quille, appeler l'eau d'une partie du tube pour la refouler dans l'autre partie.

Ce que l'on obtient ainsi pour l'eau peut se réaliser de même dans des bassins remplis de mercure. On aurait alors la même force avec douze fois moins de volume, et je recommande essentiellement l'emploi de cette espèce de machine pour les intérieurs, les locomotives et les locomobiles, surtout dans les contrées dépourvues d'eau et de combustible. Enfin, les mêmes principes s'appliquent aux milieux de vapeurs, de gaz, d'air.

Pour l'air, on déterminera le courant, soit par un foyer de chaleur établi à une extrémité, soit en appelant directement l'air pour faire le courant avec les gaz de combustion ; l'action de ces courants artificiels sera considérablement favorisée par la construction en ovaires de tous les organes du circuit, c'est-à-dire par le cloisonnement en ajustages plus ou moins effilés de tous les tubes.

La simplicité pratique de ce mode général de création pour les courants moteurs rend cette nouvelle invention extrêmement précieuse pour toutes les machines fixes et mobiles, et surtout pour la navigation générale sur l'eau et dans l'eau, et aussi pour la navigation aérienne. Le fait d'enlever ou plutôt d'écarter simplement une petite masse fluide est réalisable partout, même à la main, et le déplacement d'une petite masse, se trouvant répété instantanément, deux... dix... cent fois par le développement du circuit, produit une quantité de travail égale à deux, dix, cent fois le travail dépensé ; il va sans dire que cette condition théorique sera réduite aux trois quarts, à la moitié, au tiers du produit, dans la disposition pratique que l'on choisira.

COURANTS ISOLÉS A PRESSION ARTIFICIELLE.

Au lieu de considérer une masse de fluide libre ou comprise dans un bassin ouvert ou fermé, masse dans laquelle on établit un circuit, je propose quelque chose de plus général encore : c'est la création artificielle et plus ou moins continue d'un courant comprenant toute la masse fluide qui se trouve enfermée dans un circuit. Dans ce cas, le fluide s'alimente lui-même, sauf pour les déperditions du service.

Ce circuit isolé peut se trouver où l'on voudra, soit à poste fixe, soit dans un bâtiment mobile appartenant à un des systèmes de la circulation terrestre, hydraulique ou aérienne, pour produire tel travail que l'on voudra.

Ainsi, considérez un tube rempli de liquide, eau ou mercure, et replié, comme on voudra, en circuit presque fermé. Par un moyen quelconque, mécanique ou hydrostatique, faites que le fluide d'une des extrémités soit enlevé ou refoulé pour être rejeté dans l'ouverture de l'autre extrémité. Il est évident que vous déterminerez et alimenterez ainsi un courant continu avec la masse du fluide toujours la même.

Et maintenant, récoltez la force motrice de ce courant soit avec des hélices, ou des cylindres, ou des couli-cônes, ou des rouets... massifs et généraux, ou partiels comme éléments d'une disposition générale, établis horizontalement, verticalement dans des branches droites ou courbes du circuit. Il est évident que vous aurez ainsi une puissance motrice dont vous disposerez pour l'usage spécial que vous désirez.

Dans la fonction du courant artificiel sur ces organes de récolte, on peut établir soit un mouvement continu principalement avec les hélices ou turbines, soit un mouvement intermittent qui permettra surtout l'emploi des cylindres à pistons, des couli-cônes, des plaques à panneaux. En ce qui concerne les rouets à aubes ou palettes, l'application est plus délicate. Il faut que le rouet ne soit en prise avec le courant du circuit que par un segment de son pourtour; le reste de ce pourtour sera fermé hermétiquement par un tambour à bande élastique au besoin.

Enfin, comme nouvelle application de ce nouveau principe de courants isolés à pression artificielle, je proposerai d'établir le courant dans un circuit complétement fermé et rempli de fluide, liquide, gaz ou même vapeur non condensable. Si, sur un point de ce circuit et suivant une direction forcément déterminée et plus ou moins tangentielle au pourtour général, vous opérez une pression, soit par un refoulement, un écoulement ou une application de chaleur, vous déterminerez un courant continu ; et ce courant sera d'autant plus énergique que le circuit sera cloisonné dans le sens voulu.

Quant à la récolte de la force de ce courant, elle se fera comme précédemment, l'application de la puissance extérieure qui détermine la mise en marche du fluide pouvant être alternative ou continue, suivant le mode adopté ; et il va sans dire que l'on pourra multiplier ces récolteurs partiels ou bien construire en ovaires de grands récolteurs généraux.

LA MÉCANIQUE ORGANIQUE.

CHAPITRE VIII.

Nouveaux foyers de fluides; nouvelles machines.

PRINCIPES, CLASSIFICATION.

La nature, dans sa mécanique universelle, n'opère pas seulement au moyen des grands milieux fluides de l'eau et de l'air, dont les masses et les courants produisent les phénomènes de constitution et de fonctions dont la puissance nous paraît sans limites. Elle opère encore une infinité d'actions mécaniques au moyen d'autres fluides de natures diverses, qui se dégagent brusquement ou par action continue d'une foule de sources physiques et chimiques : depuis les torrents de gaz et de liquides que vomissent les volcans, jusqu'à ces gaz que roulent les plus fines parties des plantes pour les pomper des liquides, les élaborer et les rejeter dans l'atmosphère.

La mécanique industrielle fera donc comme la mécanique naturelle. Tout en puisant généralement sa principale puissance dans les grands milieux et dans les grandes forces de la nature, elle évitera de négliger une foule d'autres sources mécaniques que cette même nature lui fournit ou qu'elle-même, l'industrie humaine, peut créer à volonté Alors on aura des moyens nouveaux pour suppléer l'absence des moyens actuels ou pour accomplir certaines spécialités de travail. Dans tous les cas, l'industrie mécanique ne sera plus arrêtée par les empêchements et les obstacles de systèmes limités et exclusifs ; elle aura, au contraire, un arsenal indéfini de foyers fluides où elle pourra puiser à volonté à raison des circonstances.

Ainsi dans ce qui vient d'être dit, dans les chapitres précédents, sur le nouveau système de mécanique organique, j'ai considéré seulement les foyers de fluides et de pressions que fournissent les milieux de la nature et les agents ordinaires des mécaniques industrielles, l'eau, l'air et les vapeurs d'eau ou autres.

Ici je viens proposer un ordre nouveau de foyers industriels pour les fluides et pour les pressions, ce qui étendra considérablement la carrière de la mécanique organique pour tous les usages.

Ces foyers nouveaux sont : 1° les liquides à dissolution de gaz ;

2° les solides à explosion de gaz; 3° les liquides à vapeurs combustibles; 4° les gaz liquéfiés ou solidifiés; 5° les sels ou autres corps décomposables rapidement avec grands dégagements gazeux.

Je propose l'établissement de nouvelles machines basées sur l'emploi de ces nouveaux fluides dégagés presque instantanément par une foule de sources que l'industrie humaine peut produire et transporter comme elle voudra; et je vais indiquer les lois générales, au point de vue théorique et pratique, de ces nouvelles machines.

MACHINES A DISSOLUTION DE GAZ.

Les sciences naturelles ignorent encore le grand rôle mécanique que jouent, pour le développement des êtres organiques et pour une série énorme de phénomènes géologiques, minéralogiques et météorologiques, les gaz que les liquides dissolvent ou dégagent en plus ou moins grande proportion. Ce rôle, je le signale ici pour la première fois aux sciences naturelles, et je vais indiquer comment l'industrie se l'appropriera.

Soit donc le nouveau système de machine à dissolution de gaz.

Parmi les gaz solubles dans les liquides, je propose particulièrement l'emploi de l'ammoniac. A la température ordinaire, l'eau absorbe instantanément 670 fois son volume d'ammoniac et le rejette instantanément, quand elle est portée à la température de 60°. Cela posé, voici comment opéreront les nouvelles machines à ammoniac.

Soit un cylindre ordinaire avec piston. Le fond est occupé par un tiroir mobile qui contient en creux, à son centre, une capsule remplie d'eau, un litre par exemple. Cette eau, aussi froide que possible, est saturée d'ammoniac et le piston est au bas de sa course. Dans ce liquide de la capsule, un petit tuyau fait arriver un jet de vapeur, laquelle élève la température du liquide. Instantanément plus de 600 litres d'ammoniac quitteront ce liquide pour se précipiter sous le piston, le soulever et remplir le cylindre.

Cela fait, le tiroir du fond glisse pour emporter la capsule d'eau chaude et introduire une nouvelle capsule d'eau froide; à peine cette dernière paraît-elle sous le cylindre, qu'elle absorbe l'ammoniac qui remplit ce dernier. Alors le cylindre se vide et le piston descend. On introduit le jet de vapeur, et la même série d'opérations recommence d'une manière continue.

Il est important, on le voit, d'enlever l'eau échauffée et de la remplacer par de l'eau froide. On pourrait avoir des capsules mobiles que des petits appendices mécaniques enlèvent et remettent pendant les mouvements alternatifs ou circulaires du tiroir. On peut aussi avoir des capsules fixes dans le massif même du tiroir; ces capsules sont vidées généralement par le bas dès qu'elles sortent de dessous le cylindre, et alors elles viennent se rafraîchir et se remplir dans un bassin d'eau froide pour ensuite revenir sous le cylindre.

On simplifiera encore cette disposition générale comme il suit : le cylindre a un fond fixe ; seulement ce fond est creusé en cuvette plus ou moins conique, qui aboutit à un conduit central lequel se ferme ou s'ouvre par un mouvement de tiroir. Quand on veut enlever l'eau chaude, le tiroir dégage l'ouverture et l'eau s'en va ; immédiatement après, une colonne d'eau froide est précipitée par le tube dans la cuvette et dans le cylindre, dont le piston descend. Le tiroir est fermé, le jet de vapeur est lancé, le piston remonte et l'opération recommence ; le fond du cylindre et la surface extérieure de la cuvette pourront être constamment entourés d'eau froide.

On pourrait aussi établir la cuvette, avec une chambre au-dessus, dans un massif séparé du cylindre et communiquant avec lui par des tubes avec tiroir, comme dans les machines à vapeur ; on peut aussi accoupler l'action combinée de deux cylindres.

Ce nouveau système de moteur à ammoniac peut s'appliquer à des machines rotatives à mouvement continu. Ainsi, soit un rouet dans un coursier : en bas est un réservoir d'eau chaude, ou mieux, une caisse à chaleur. C'est de là que l'ammoniac se précipite dans les aubes, fait tourner le rouet et se trouve porté par lui au-dessus d'un réservoir d'eau froide qui se sature de cet ammoniac. De ce réservoir, l'eau saturée descend, par un conduit cloisonné, dans la chambre de chaleur, où le filet d'eau est échauffé et abandonne son ammoniac pour s'écouler ensuite à l'extérieur.

Les détails d'action mécanique de ce nouveau système de machines rentrent complétement dans les systèmes des machines à vapeur et à air. Le service coûtera peu, car l'eau chaude pourra être utilisée, puis refroidie pour servir de nouveau. Ce que je viens de proposer pour l'ammoniac peut s'appliquer d'une manière semblable à tout autre gaz dissous dans un liquide. Cependant il faut dire que nul autre ne saurait valoir l'ammoniac ; ainsi, le chlore est délétère et l'eau n'en prend que 5 volumes.

MACHINES À EXPLOSION DE GAZ.

Parmi les solides à explosion de gaz au moyen du feu, ce qu'il y a de mieux et de plus pratique, consiste dans les poudres employées dans les armes à feu : poudre fulminante, poudre de pyroxile, poudre ordinaire de salpêtre, soufre et charbon. La poudre fulminante, qui fait explosion par le frottement et par le choc, exige des précautions et présente du danger ; la poudre ordinaire est plus commune, plus maniable, plus sûre en tout, mais elle a l'inconvénient de l'encrassement ; le pyroxile, concentré le plus possible de manière à être ramené à la densité de la poudre de guerre, est le plus avantageux, car il ne donne pas de crasse et se réduit complétement en gaz.

Un volume de pyroxile, ramené à la densité de 0.750 environ, donne 400 volumes de gaz et vapeurs à la température ordinaire ; mais, au moment de l'explosion, le gaz échauffé peut être évalué à 3,000 volumes. La poudre ordinaire présente à peu près les mêmes quantités.

Cela posé, soit un cylindre dont le piston est abaissé. Le fond mobile de ce cylindre, légèrement creusé en cuvette, porte au centre une petite chambre dans laquelle est introduite une charge de 15 grammes de pyroxile, par exemple. Le feu est mis à cette charge au moyen des fils électriques d'un appareil d'induction. La charge, en faisant explosion, donne environ 50 litres de gaz et vapeurs qui se précipitent dans le cylindre en soulevant le piston ; ensuite le fond du cylindre est déplacé par un mouvement de tiroir rectiligne ou circulaire. Le cylindre étant ouvert, le piston descend ; les gaz sont refoulés dans un réservoir inférieur, puis dans une conduite cloisonnée qui les projette où l'on veut.

Pendant ce temps, la chambre et la surface supérieure de la plaque de fond sont rafraîchies et nettoyées, et reçoivent une nouvelle charge de poudre. Ces opérations se font d'elles-mêmes au moyen d'une brosse en mouvement et d'un tube de distribution rempli de charges ; le fond du cylindre avec sa charge et ses fils électriques revient à sa position et l'opération recommence.

On peut simplifier la disposition en rendant fixe le fond du cylindre et en rendant mobile le fond de la chambre qui s'ouvre ou se ferme par un mouvement de tiroir ; cette chambre ouverte devient le tube d'écoulement pour les gaz refoulés par le piston, en même temps que la nouvelle charge est posée sur le tiroir pour être ramenée dans la chambre. Du reste, l'explosion de la charge pourrait avoir lieu dans un réservoir séparé, d'où les gaz seraient conduits dans le cylindre pour être rejetés par une autre conduite. On peut enfin accoupler les actions de deux cylindres.

Ce système moteur, provenant de l'explosion des poudres, peut être rendu directement rotatif. A cet effet, il suffit que la bouche à feu, se chargeant directement par la culasse, dirige la masse de ses gaz tangentiellement dans les aubes d'un rouet ou d'une turbine ; ces gaz étant ensuite chassés dehors par une cheminée d'appel droite ou courbe. On peut même entretenir ce mouvement en faisant tomber d'une manière presque continue les petites parcelles de poudre dans une chambre rougie par le feu.

On peut aussi employer cette masse de gaz d'explosion à réagir contre une masse fluide, d'eau par exemple, pour la presser en une multitude de petit blocs se partageant entre des ovaires plus ou moins combinés ; on obtient ainsi un effort mécanique et moteur. Si les gaz restent séparés de la masse liquide par un piston, on les fait ressortir par le refoulement de ce piston à travers une conduite, ou bien par la culasse ouverte de la bouche à feu.

Ces machines à explosion de gaz peuvent être employées à tous les services mécaniques fixes ou mobiles. Leur caractère est principalement de servir dans les circonstances difficiles et accidentelles qui exigent un surcroît d'effort.

C'est surtout pour la guerre que ces nouvelles inventions seront utiles. Ainsi, de petites bouches à feu se chargeant par la culasse peuvent être appliquées contre des obstacles pour tirer la masse de leurs gaz, soit contre un bloc à mouvoir, soit contre les aubes d'un rouet fixé à l'essieu de lourdes voitures, soit contre une turbine, un plateau, une hélice, etc., plongés dans l'eau pour amener la propulsion d'un bateau, d'une bombarde, navires flottants ou sous-marins.

GAZ DE RÉACTION ; LIQUÉFACTION ; COMBUSTION.

J'indiquerai les principes et les caractères de ces nouvelles machines, dont l'usage sera plus ou moins limité, à cause des conditions spéciales et généralement onéreuses de leur service.

1° Les corps solides et décomposables par la chaleur ou par les acides en dégageant des masses de gaz, comme sont généralement les chlorates, les bicarbonates, etc., peuvent être employés pour donner des efforts mécaniques dans des cylindres ou sur des rouets par des dispositions plus ou moins semblables à celles qui viennent d'être décrites. On peut même, avec ce système, établir un roulement de réactions chimiques, de composition et de décomposition. Ainsi, plaçant dans la chambre du bicarbonate de soude, par exemple, et le décomposant de manière à remplir le cylindre d'acide carbonique, on pourra ensuite enlever la soude pour la dissoudre, puis faire passer dans la dissolution l'acide carbonique qui sera chassé du cylindre. Il sera facile d'établir ce roulement d'échange en opérant sur des séries correspondantes à dix, cent, etc., charges.

2° Le système des gaz liquéfiés ou solidifiés, comme l'acide carbonique, peut être aussi employé pour développer des forces motrices. D'après des dispositions pratiques assez simples et assez semblables aux précédentes, le liquide ou le solide serait placé par petites portions dans une chambre d'explosion, et les gaz se trouveraient projetés directement sous le piston, ou sur les aubes des rouets, ou à travers les ovaires des plaques de refoulement. Il n'est pas besoin de dire que ce système est délicat à manier, dispendieux.

3° Enfin, je signalerai le nouveau système des liquides à vapeur combustible pour réaliser des machines légères et fortes, mais assez dispendieuses, en employant les essences, l'alcool, le chloroforme, l'éther, etc. La nature de ces machines comporte toutes les variétés possibles de disposition et d'action ; leur principe capital, c'est que les vapeurs, après avoir donné leur force motrice, seront en grande partie régénérées, pendant que quelques petits jets de cette même vapeur épuisée serviront à alimenter le foyer de combustion.

En résumé, sans prétendre lutter au point de vue des avantages généraux contre les machines basées sur l'emploi des fluides naturels, air, vapeur, eau, ces nouvelles machines, basées sur les gaz de dissolution, d'explosion, de décomposition, de liquéfaction, de combustion, offrent des ressources pour une foule de cas particuliers et plus ou moins accidentels ; elles complètent ainsi la carrière des masses et des courants fluides dans lesquels la mécanique organique puisera pour rendre son action universelle.

LA MÉCANIQUE ORGANIQUE.

CHAPITRE IX.

Mécanique vélostatique. — Hydrochocs.

PRINCIPES ET CONSIDÉRATIONS.

Les nouveaux principes et les nouveaux appareils que je vais présenter ici étonneront beaucoup; car, tout en proposant un nouvel ordre mécanique pour les liquides, je prescris de diminuer les masses, d'augmenter beaucoup les vitesses, d'utiliser d'une manière régulière la force vive que possèdent les grands chocs. Or, c'est précisément le contraire que prescrivent les mécaniciens théoriques et pratiques. Ils exagèrent les masses, condamnent les grandes vitesses, maudissent les chocs.

Et, cependant, en interrogeant la nature, ils verront de tous côtés l'application permanente et régulière des nouveaux principes que je propose : les masses légères de l'air venant avec une vitesse énorme choquer de lourds massifs, les enlèvent dans un terrible ouragan; l'onde furieuse de la mer bat en brèche les côtes de granit; les végétaux à la tige molle pénètrent à petits coups les milieux résistants; des animaux, à corps presque imperceptible, frappent, usent et percent les métaux les plus lourds, ou luttent par leurs chocs rapides contre la force des courants les plus profonds.

Jusqu'à présent, la mécanique, renfermant ses lois dans l'abstraction, n'a pas tenu compte des conditions véritablement organiques de sa science mathématique et de sa pratique. Ainsi, l'on pose d'une manière absolue, pour la valeur motrice d'une machine, la moitié de MV^2, et on ne voit que les nombres abstraits qui peuvent représenter le chiffre de la masse M, le chiffre de la vitesse V, le chiffre du produit MV^2.

Mais c'est là une erreur complète et une barrière fatale aux progrès mécaniques en théorie et en pratique. Il faut comprendre, en effet, que la valeur de la masse, tout en restant la même, au point de vue du chiffre mathématique, peut varier énormément de densité, de forme et de disposition ; ce qui amènera des différences considérables dans les résultats pratiques du travail. Il faut observer aussi que la vitesse, tout en conservant le même chiffre d'expression, peut varier au point de vue de l'action continue ou de l'action par choc, directement ou tangentiellement, avec grands rayons ou avec multiplicité de troncs ; et cela amène des différences notables dans les résultats.

Enfin, à considérer l'ensemble de la formule MV^2, on peut lui conserver le même chiffre, tout en faisant varier d'une infinité de manières, soit le chiffre de la masse M, soit le chiffre de la vitesse V, soit tous les deux en même temps. Et, suivant la nature de ces variations, suivant les divers modes d'applications matérielles, on aura les résultats les plus différents, bien que le chiffre de l'expression générale MV^2 reste le même.

On doit donc le dire : autour de l'expression abstraite et absolue de la mécanique mathématique, il y a tout le système des différences positives qui constituent la mécanique organique. Et, dans l'immense ensemble des variations que peuvent comporter soit la masse, soit la vitesse, je propose de donner souvent la préférence aux petites masses, aux grandes vitesses et à l'action par choc.

La réduction des masses amène des économies et des facilités d'établissement, de transport et de service. La grande vitesse possède une vivacité et une maniabilité d'action qui la rend extraordinairement pénétrante ; pendant que la masse est en réalité l'inertie à mettre en jeu. Enfin le choc est essentiellement l'âme du mouvement, c'est lui qui détermine les vibrations et les ébranlements, et les transmissions, en vertu desquelles les masses et les vitesses opèrent.

L'application de ces principes sera plus ou moins générale pour les machines que l'on voudra employer. Quoi qu'il en soit, soumettez toujours cette application aux nouveaux principes universels de la mécanique organique. Ainsi, décomposez les blocs massifs du volume, de la vitesse, et du choc, en petites parties formant comme les ovaires de constitutions et d'actions partielles, dont la somme fournira les constitutions et les actions générales.

En ce qui concerne les chocs, toujours vous les trouverez dans les mouvements mécaniques, naturels ou artificiels, se manifestant d'une manière plus ou moins patente, sous une foule de formes et dans une foule de conditions. Mais c'est toujours eux qui constituent l'impulsion vibratoire pour le mouvement des masses solides, liquides ou gazeuses. Tantôt elle sera massive et brusque, tantôt lente et morcelée ; tantôt douce et multipliée.

Dans votre mécanique générale, il y a donc une erreur capitale à ne considérer une machine que comme une carcasse dans laquelle on fait passer une force. Au contraire, quand la machine fonctionne, la force et ses courants doivent être considérés comme une partie intégrante, essentielle de la machine. Et alors tout organisme mécanique, qu'il soit naturel ou artificiel, pendant qu'il est en fonction, peut être considéré comme une série combinée de vibrations qui proviennent d'une série de chocs entre toutes les parties.

Ce que je dis là éclaire l'immense carrière de la mécanique universelle, et fait voir le vide que les sciences et les industries actuelles ont laissé dans cette carrière. La science ne s'occupe des chocs que d'une manière abstraite dans les conditions mathématiques de vitesse, de masse et de direction; l'industrie les proscrit. Mais la mécanique organique doit les étudier et les adopter, au point de vue scientifique et pratique, en faisant entrer dans les conditions de ces chocs l'immense variété des natures, des formes et des dispositions que peuvent présenter les corps choqués et choquants.

Or, au point de vue des substances seulement, on aura les chocs de solide à solide, à liquide, à gaz ou vapeurs; puis les chocs de liquide à liquide, à solide, à gaz ou vapeurs; puis enfin les chocs de gaz ou vapeurs, à solide, à liquide. Si l'on combine avec ces séries de conditions substantielles les conditions multipliées de formes et de relations, on entre, on le voit, dans les séries nouvelles de toute une création mécanique, qui a ses lois organiques.

Parmi le vaste ensemble de choses nouvelles qui résultent de ces nouveaux principes, je développerai la création d'un nouveau système général de machines qui représentent l'application la plus simple, la plus parfaite et la plus universelle. C'est ce que j'appelle les machines vélostatiques : soit hydrostatiques et hydrochocs.

SYSTÈME GÉNÉRAL DE MACHINES HYDROSTATIQUES.

Pour appliquer, d'une manière régulière et douce, à la mécanique organique les grandes vitesses et les chocs, j'ai longtemps cherché et j'ai fini par découvrir le principe général et simple, qui consiste en ceci :

Employer les liquides incompressibles, comme le piston de communication entre la pression de choc et l'élément récepteur de l'opérateur : alors ce piston liquide, tout en transmettant la pression, se moule et se démoule, en raison des formes du circuit qu'il parcourt.

On connaît cette propriété des liquides enfermés dans une enveloppe : que toute pression exercée sur un point de cette enveloppe se transmet également dans tous les sens.

On sait que de ces principes découle cette autre propriété des liquides : les corps plongés dans l'eau perdent un poids égal à celui du liquide qu'ils déplacent, et par conséquent sont poussés avec force en dehors de ce liquide.

Il est extrêmement remarquable que la mécanique industrielle n'a basé aucune machine spéciale sur l'action motrice qui résulte de l'application directe de ces grands principes. Or, la nature, elle, dans sa mécanique organique, fait constamment appel à ces propriétés, qui déterminent des phénomènes que l'on attribue aux différentes forces dites endosmose, capillarité, etc... C'est là aussi une des principales causes de la vibration organique et des mouvements qui en résultent. L'étude des végétaux, des polypes, des coquillages, des poissons, peut surtout en démontrer la vérité.

Un premier système de machines est basé sur la perte de poids par les corps plongés dans l'eau. Et ce système se partage en deux classes : la première correspond à l'emploi d'un piston léger et enveloppé d'eau ; la seconde correspond à l'emploi d'un piston qui se remplit d'eau intérieurement.

Pour la première classe, soit un cylindre vertical avec tige. Il est solide, mais très-léger, et se meut concentriquement dans un cylindre enveloppe qui laisse un centimètre environ de jeu sur le pourtour. Ce cylindre enveloppe contient dans son fond une couche d'eau que touche légèrement le fond du piston à l'état de repos. Le pourtour supérieur du cylindre enveloppe communique avec un réservoir d'eau. On fait arriver cette eau en masse sur les différents points du pourtour ; elle remplit presque instantanément le vide annulaire qui enveloppe le piston. Cette eau, se réunissant à celle qui est au fond du cylindre enveloppe, pousse le piston avec force. Alors on ferme les ouvertures qui introduisent l'eau ; en même temps on ouvre la communication du bas avec un corps de pompe qui enlève l'eau introduite dans le cylindre, la verse dans le réservoir et rétablit le niveau au fond du cylindre.

Pour la seconde classe de machines, soit un bassin d'eau. Au fond est une enveloppe fermée et remplie d'eau, qui communique par un conduit flexible ou rigide avec l'extérieur. Si par ce conduit on fait le vide dans l'enveloppe, elle sera soulevée dans l'eau jusqu'au point où elle flottera. Alors une soupape est ouverte, l'enveloppe se remplit d'eau et retombe au fond où on la vide de nouveau. Enfin, suivant que cette enveloppe est maintenue par des guides verticaux ou bien fixée à une tige horizontale et tournant autour d'un axe, son mouvement alternatif sera rectiligne ou angulaire.

Le système des machines motrices qui sont basées sur le principe d'égalité de pression transmise sur tous les points d'une masse liquide, se partage en deux classes.

La première classe repose sur l'emploi de pistons égaux. Soit un circuit circulaire fermé, rempli d'eau. Dans l'intérieur de ce circuit sont deux, trois, quatre, etc., pistons espacés comme on voudra. Si à un de ces pistons on imprime un mouvement de marche dans ce cercle, il en résultera le mouvement général de toute la masse liquide et de tous les pistons; ils conserveront leurs distances respectives, et chacun reproduira la force de pression que le piston propulseur possédait, sauf les pertes provenant du service et des frottements.

Le circuit, au lieu d'être circulaire, peut recevoir telle forme que l'on voudra. Ainsi, ce pourra être deux lignes droites de tubes parallèles ou en angles qui seront réunis aux extrémités par des arcs de cercle. De plus, la position de ce circuit pourra être horizontale, verticale ou inclinée. Pour transmettre la force motrice, les pistons porteront des tiges en couteau qui traverseront une rainure élastique pratiquée dans les tubes. Le circuit, au lieu d'être fermé, peut avoir ses deux extrémités ouvertes, les pistons extrêmes ayant leur face extérieure à l'air libre. De plus, la tubulure entre les deux branches du circuit peut avoir une section plus grande avec la faculté de pouvoir être réduite par un cloisonnement.

Ce système de machine, dont on trouve des applications multipliées dans la nature, pour la conduite des fluides, offre des avantages énormes à la mécanique industrielle pour les transports de toute sorte et pour les communications de mouvement à la place des règles, cordes, chaînes, etc..., par toutes les pentes et aux plus grandes distances. C'est la base de tout un nouveau système de railway universel.

La seconde classe de machines emploie des pistons inégaux qui se meuvent dans un circuit à sections inégales. Je ne peux mieux établir les conditions de ce nouveau système qu'en proposant de transformer la presse hydraulique en machine motrice à force continue. A cet effet, sortez des prétentions exagérées dans le gain de la puissance et renoncez à ces rapports de 1 à 40,000, à 10,000 et à 1,000, entre les sections de deux cylindres. Lesquels rapports amènent une lenteur exagérée d'avancement moteur.

Ainsi, pour les sections des deux cylindres, adoptez, par exemple, le rapport d'un dixième. Alors, pour chaque coup du petit piston avançant de 0.40, vous aurez le grand piston qui remontera de 0.04.

Et, quand le petit piston se relèvera, le grand piston retombera à sa position primitive. C'est donc un mouvement alternatif du grand piston qui peut battre quarante, cinquante, soixante... coups par minute, en avançant de 0.04 seulement et au moyen de la même eau. Ce qui rend inutiles les soupapes et les réservoirs, sauf pour les petites pertes.

Le grand piston, qui, dans son mouvement alternatif, se déplace de 0.04 seulement, peut être articulé avec une bielle, ou bien avec l'extrémité de la petite branche d'un levier coudé; la grande branche de ce levier est dix fois plus longue, de manière que son extrémité parcourt les 0.40 du petit piston. On a donc une machine alternative à mouvement continu. Il n'y a pas là création et augmentation de force, au contraire. Seulement, la masse liquide sert d'élément de transformation et de transmission pour récolter cette force dans la forme et dans la quantité que l'on voudra, au point de vue de la masse et de la vitesse.

Mais, conformément à la disposition du système précédent, je propose, tant pour la presse hydraulique elle-même que pour la seconde classe de machines qui en est déduite, de multiplier par deux, trois, quatre, cinq, etc., la puissance motrice. A cet effet, il suffit d'établir dans le grand cylindre, toujours rempli d'eau, deux, trois, quatre... pistons parallèles et espacés. Ces pistons portent des tiges qui traversent une rainure élastique dans l'enveloppe du cylindre, afin de transmettre cette force au dehors. Observez que les tubes peuvent être verticaux, horizontaux ou inclinés.

Mais je vais plus loin, et, tout en conservant un seul piston dans le grand cylindre, je propose de récolter une force motrice supérieure. Ainsi, prenez un cylindre ayant un cercle soixante fois plus grand que le cercle du petit. Etablissez dans ce grand cylindre une plaque d'ovaires coniques et alternatifs, c'est-à-dire, ayant les uns la pointe en haut, les autres la pointe en bas. Cette plaque est plongée dans l'eau, dont elle affleure presque la face supérieure, contre laquelle repose le grand piston.

Quand le petit piston refoule le liquide, l'eau du grand cylindre se précipite dans la plaque à ovaires; là, obligée de passer par les pointes des ovaires qui lui présentent la grande base de leur ajustage, elle se forme en jets dont la vitesse sera deux, cinq, huit... fois plus grande que la vitesse propre de la masse elle-même; et le grand piston s'élèvera d'autant plus, en conséquence de cette augmentation. Quand l'eau laissée contre le dessous du piston retombera sur la plaque à ovaires, le niveau général se rétablira, l'eau en excès passant alors par les petits ovaires renversés.

VÉLOSTATIQUES HYDROCHOCS.

Ces machines sont basées sur la combinaison des principes suivants : 1° grande force vive qui peut communiquer à une masse d'eau un choc instantané ; 2° utilisation du principe de l'égalité d'action et de réaction dans les liquides pour transporter cette force vive sur une grande surface ; 3° emploi d'une petite masse d'eau pour tous les effets ; 4° emploi des plaques à ovaires pour régulariser et accélérer les efforts ; 5° faculté de donner directement soit le mouvement rectiligne, soit le mouvement circulaire.

Pour les mouvements rectilignes et alternatifs, l'hydrochoc comprend deux cylindres généralement pratiqués dans un même bloc solidement fixé au sol, ou sur un châssis à roues, ou sur un bateau à eau, ou dans une nacelle à air. L'un des cylindres, dont le diamètre dépend de la force que l'on peut obtenir, contient un piston qui se meut à frottement doux et qui porte une tige avec manivelle. Ce piston est creusé en calotte sphérique à sa partie inférieure, cette calotte étant piquée ou cannelée en petites saillies. Un peu au-dessus du fond du cylindre est fixée la plaque à ovaires sur laquelle repose le piston ; un peu au-dessous de cette plaque, le cylindre se prolonge par un tronc de cône renversé, puis par l'ouverture d'un tuyau, qui se recourbe verticalement pour former un cylindre.

Le second cylindre est celui dans lequel se fait brusquement le choc de pression au moyen de la chute d'une masse pesante, ou d'une explosion de poudre enfermée dans une culasse mobile, ou de vapeur et de gaz à forte pression et introduits brusquement. Un tampon solide et à frottement doux établit la séparation entre la matière du choc et la surface supérieure de l'eau contenue dans le tube.

Cette eau, qui remplit le tube, ainsi que la cavité du grand piston, transmet la pression qu'elle reçoit avec d'autant plus d'énergie que, par l'action du choc, elle se trouve projetée avec une très-grande vitesse par la pointe des ovaires. En vertu de cette projection, le piston du grand cylindre monte et imprime le mouvement voulu ; ensuite ce piston descend, l'eau remonte à son niveau d'équilibre, l'ouverture du petit cylindre se trouvant alors dégagée des appareils du choc.

Quand on produit la pression par l'injection de vapeur ou de gaz à forte pression, un mouvement rapide de tiroir suffit. Pour régulariser le mouvement général, on peut à volonté avoir ou bien deux grands cylindres, ou mieux un seul cylindre dans lequel arrivent deux tuyaux symétriques ; la manœuvre est réglée par un double tiroir. Quand on emploie le choc des poudres, le tiroir contient un canal vertical, avec grillage dans le bas, qui doit recevoir la charge de poudre ; celle-ci y tombe par un cylindre vertical, dès que ce canal arrive en dessous, au point voulu. Le tiroir entre ensuite à frottement sous une forte pièce de fer qui forme culasse ; et quand le canal occupé par la charge arrive au-dessus du tuyau d'eau, un fil électrique met le feu ; la fumée s'échappe à l'air libre dès que le tiroir débarrasse l'ouverture du tube de pression.

Partout on pourra employer pour force motrice le choc d'une masse pesante, comme un cylindre de plomb qui tomberait d'une grande hauteur et pénétrerait dans la partie supérieure du tube de pression. Cette masse de plomb sera portée lentement à la hauteur voulue, et alors, pour établir la régularité et la force du mouvement, on réunira plusieurs masses de manière que trois d'entre elles, par exemple, tomberont pendant qu'une quatrième accomplira son mouvement d'ascension. Pour répondre à cette nécessité, on peut employer quatre cylindres juxta-posés ou bien un seul cylindre vertical et flanqué de quatre petits cylindres de pression, remplis d'eau, et à chacun desquels correspond un piston de plomb.

Quel que soit le mode de pression motrice, je ferai observer que, au lieu d'avoir un grand cylindre et des tubes latéraux qui communiquent avec lui par des arcs recourbés, on peut employer la disposition suivante. Le grand cylindre est formé complétement, à sa partie inférieure, par une calotte sphérique ; au centre de ce cylindre est maintenu le petit tube de pression dont l'extrémité débouche au-dessous de la plaque à ovaires, à 20 centimètres environ du fond du cylindre. Le piston de ce grand cylindre est percé à son centre de manière à pouvoir glisser à frottement sur la surface extérieure du tube central de pression ; de plus, il porte deux tiges parallèles et qui se réunissent au dehors par une traverse pour communiquer avec la bielle.

Une autre disposition consiste à faire du piston et du cylindre un seul bloc qui se meut soit dans le sens horizontal, soit dans le sens vertical, en glissant avec frottement autour de la surface extérieure du tube central de pression. Le retour du massif refoule l'eau qui avait été projetée et la ramène, à sa position d'équilibre, au point de départ. On peut, en employant deux bouts de tuyaux à projection horizontale, n'avoir qu'un bloc de cylindre avec une seule cloison formant piston, et cette cloison sera précisément une plaque à ovaires coniques et alternatifs relativement à la position des bases et des pointes; le mouvement de va et vient de cette masse peut être employé pour le travail moteur que l'on voudra. Chaque tuyau peut être simple ou bien représenter un faisceau de deux, trois ou quatre tubes.

Pour les machines vélostatiques qui donneront directement le mouvement circulaire, soit une roue verticale, à aubes minces, emboîtée dans un coursier circulaire. Le tube vertical de pression est rempli d'eau, descend en s'élargissant et en contournant le coursier pour se recourber à angle droit et venir se terminer, par une longue échancrure, en face des aubes de la partie inférieure de la roue, et cette échancrure pourra être cloisonnée par une plaque à ovaires coniques et alternatifs.

Ce tube de pression et les augets inférieurs de la roue étant pleins d'eau, les chocs moteurs sont produits à la partie supérieure de ce tube; alors l'eau est projetée par les ovaires et la roue tourne. Pendant ce mouvement de rotation, l'eau descend le long des aubes, se trouve maintenue par le coursier, descend jusqu'au point le plus bas de la roue; là, se trouvant en rapport d'équilibre avec l'eau du tube, elle peut recevoir et communiquer les impulsions nécessaires.

Sous l'impression du choc, la roue prendra un mouvement accéléré; pour régulariser ce mouvement, on emploiera deux, trois, etc., tubes semblables, qui communiqueront alternativement l'impulsion à des parties indépendantes de la roue. La longueur de cette dernière se trouvera ainsi partagée en deux, trois, etc., parties solidaires sur le même axe.

Quand les roues sont horizontales, des turbines, par exemple, le choc est produit soit dans un tube central qui fait tourner tout le système, soit dans un tube latéral et vertical qui se recourbe à angle droit, en dirigeant le jet de pression dans l'intérieur de la roue. Pour augmenter la puissance d'effet, on emploiera deux, trois tubes verticaux, placés aux extrémités des rayons, et qui lancent leur jet dans des directions combinées pour produire un mouvement général dans le même sens.

Je finirai en proposant le vélostatique hydrochoc qui réunit la plupart des conditions présentées dans ce chapitre. Soit un cylindre vertical ouvert et avec piston plein; le fond du cylindre est formé par une plaque à ovaires. Les grandes bases jointives sont ouvertes en bas; les petites ouvertures d'écoulement sont espacées dans le haut et saillantes. Au-dessus du plan de ces ouvertures est une plaque tiroir très-solide, mais aussi mince que possible. Elle contient des trous correspondant exactement aux trous des ovaires.

Ensuite, ces trous vont en s'élargissant vers la partie supérieure dans l'épaisseur du tiroir. Quand on fait glisser le tiroir de quelques centimètres en dehors de cette position, les trous des ovaires sont hermétiquement bouchés.

Voici maintenant la manœuvre de la machine. Le cylindre plonge dans un réservoir d'eau, ou bien sa partie inférieure communique par un tube avec un réservoir d'eau supérieur. A l'état de repos, le tiroir recouvre et bouche les ovaires, le piston repose sur le tiroir. Si on déplace ce tiroir, les ovaires dégagés lancent immédiatement des jets liquides, animés de la plus grande vitesse, contre le fond du piston, et ce dernier se précipite dans le cylindre en vertu de cette projection. Le tiroir est alors fermé, l'introduction de l'eau est arrêtée; et celle qui, après avoir été projetée, se trouve désormais au fond du cylindre sur le tiroir, est enlevée d'un coup de piston par une pompe.

On a ainsi la plus petite masse d'eau animée de la plus grande vitesse et agissant par le choc le plus direct. C'est sûrement une des combinaisons organiques les plus simples et les plus générales que la mécanique puisse désirer pour tous les usages.

En résumé, le système général des vélostatiques hydrochocs est simple de forme, peu volumineux, facile à établir et à servir, très-peu dispendieux; il peut être employé partout avec une grande puissance d'action comme moteur fixe, locomobile ou locomotif, dans les opérations de l'agriculture, de l'industrie et de la circulation.

LA MÉCANIQUE ORGANIQUE.

CHAPITRE X.

Mécanique à solides élastiques.

ÉLASTICITÉ DES ORGANISMES.

La nouvelle science théorique et pratique que je propose ici est encore en contradiction avec les traditions de la science et de l'industrie ordinaires. Étudiez, en effet, l'ensemble des mécaniques industrielles, vous verrez presque partout l'absence et même la proscription de l'élasticité.

On recherche des pièces fortes, roides et massives; on les rive entre elles avec une solidarité absolue, et, là où les ajustages ont besoin de jeu, on les enferme dans des encastrements étroits avec une précision forcée. Enfin, on n'admet que des circuits rigides, et sur la forme desquels les courants fluides ne peuvent exercer aucune action. De là résulte que les mouvements sont heurtés, à réactions roides et brusques; que ces mouvements absorbent dans une succession d'inerties ou de contrariétés une quantité considérable de forces vives et à grande portée; et qu'ils amènent des dislocations multipliées dans d'énormes pièces difficiles à réparer.

Étudiez la nature, et vous verrez qu'elle n'opère pas ainsi dans ses constructions et dans ses fonctions mécaniques, quelque compliquées et quelque étendues qu'elles soient. Partout et constamment, au contraire, dans tous les êtres de tous les règnes, et surtout chez les végétaux et les animaux, vous reconnaîtrez des pièces et des liaisons élastiques à degrés divers; d'où résulte solidarité et légèreté, puis continuité, conservation et régularité d'action. Or, c'est là les qualités que je propose à la mécanique industrielle d'imiter, en multipliant le plus possible l'introduction de l'élasticité dans toutes ses parties constituantes et dans toutes ses fonctions.

L'élasticité, chez les êtres naturels, provient principalement de la présence et de la mise en jeu de matières visqueuses et gélatineuses à des degrés divers. Ces matières exercent une influence souveraine dans la constitution et dans la fonction mécanique des êtres, et cette influence grandit de plus en plus, à mesure qu'on s'élève dans les règnes organiques. Aussi elle excelle dans les animaux. Je pose même cette loi nouvelle et étonnante par sa hardiesse, qu'aucun animal ne pourrait se former, acquérir et conserver la faculté vitale et motrice sans la présence permanente et générale de ces matières gélatineuses et élastiques.

Placez sur une table un édifice plus ou moins élevé de gelée provenant de substances végétales ou animales, vous remarquerez que cet édifice ne peut avoir un instant de repos; il vibre sans relâche sous l'action des plus petites motions; et, quand il a reçu une impulsion, il la reproduit d'une manière presque indéfinie. Que conclure de là, sinon que le corps élastique de cette gelée est un réservoir conservateur et dispensateur de la force motrice?

Aussi, dans la mécanique animale, vous retrouverez la substance gélatineuse partout : dans les conduits et dans les chairs comme dans la charpente des os. Cela maintient la force, la solidarité et l'aisance réglée du mouvement entre toutes les parties. Aussi voyez : l'excellence de mouvement vif se manifeste dans la jeunesse de l'animal, alors que la gélatine domine dans toutes ses parties ; et ce mouvement s'éteint, au contraire, quand la gélatine disparaît, se transforme et durcit chez le vieillard.

Eh bien ! cette loi universelle de constitution et de fonction dans la mécanique des êtres naturels, je propose d'en faire aussi la loi de constitution et de fonction pour la mécanique industrielle, et de l'appliquer pour les conduits, pour les blocs et pour les articulations des machines.

Les matières élastiques que l'on peut employer dans cette mécanique industrielle seront de trois espèces : 1° la classe des métaux, tels que le fer, l'acier..., roulés ou espacés en feuilles ou en fils minces; 2° les substances plus ou moins molles, provenant de la nature ou de l'art, et plus ou moins analogues au caoutchouc vulcanisé; 3° les substances intermédiaires que représentent principalement les bois, la baleine, etc.; et c'est en combinant des éléments formés avec les matières de ces trois classes, soit entre eux, soit avec des éléments de matières relativement rigides en métal, pierre, bois, etc., que l'on aura la faculté de réaliser l'élasticité dans toutes les parties des machines.

Ainsi, pour les grands blocs des machines, supports, balanciers, arbres, que l'on fait en pièces massives de fer, fonte, etc., rendez ces pièces élastiques dans leur ensemble, en les composant de feuilles, tiges ou blocs métalliques, entre lesquels vous interposez des substances molles. Alors vous maintiendrez les limites établies pour leur position générale, autour de laquelle ces pièces accompliront une série de petites vibrations continues.

Ainsi encore, aux articulations et aux transformations de mouvement, comme par exemple dans les bielles, établissez l'élasticité, en employant, au lieu de pièces d'encastrement et d'ajustages rigides, des pièces flexibles et des petits blocs de substance élastique et plus ou moins molle. Il en résultera que, dans les moments où la force arrive en excès sur cette articulation, ces blocs élastiques absorberont cet excès pour le rendre à l'articulation quand la force sera en défaut; par suite, cette articulation, étant débarrassée des extrêmes brusqueries d'action, se trouvera considérablement soulagée et aidée.

En ce qui concerne les circuits parcourus par les fluides ou les enveloppes enfermant ces fluides, faites-les en matières flexibles et élastiques comme les gommes vulcanisées, et contentez-vous de les maintenir dans certaines limites d'extension ou de rétrécissement par des obstacles plus ou moins rigides; ou bien composez ces circuits de petits blocs rigides, en métal par exemple, qui sont séparés les uns des autres par des bandes ou blocs élastiques. De pareils circuits vibreront en quelque sorte avec la force vive des fluides, absorbant les excès de pression là où ils sont inutiles et les rendant quand le besoin s'en fait sentir.

Observez que la condition d'élasticité peut affecter un plus ou moins grand nombre de parties dans la constitution et la fonction des machines. La simplicité, la solidité et la spécialité peuvent exiger que certaines parties restent rigides; cependant il faut apporter une attention très-délicate dans ces mélanges de parties rigides et de parties élastiques, car ils tendraient à détruire l'unité organique, sans laquelle il ne saurait y avoir de fonction durable et régulière.

Un grand organe rigide, au milieu d'une organisation élastique, ne saurait être convenable; c'est un obstacle qui amènera nécessairement des ruptures : la stabilité de l'organisme exige que toutes les parties entrent dans une série ordonnée de vibrations concordantes. Il faut donc, en principe, que toutes ces parties soient élastiques, mais à des degrés divers calculés en raison de leur position, de leur volume, de leur forme et de leur fonction. Alors, l'action mécanique ou la vie de la machine sera, comme l'action de l'animal, une vibration générale et équilibrée.

CIRCUITS ÉLASTIQUES.

L'importance de l'élasticité dans la constitution et dans la fonction des circuits fluides amène tout un nouvel ordre de considérations, de faits et de propositions. J'en ai déjà indiqué les éléments dans le chapitre de l'ovaire mécanique. Je préciserai et développerai ce système par les nouvelles propositions que voici : Prenez un tube en substance molle et élastique ; plongez-le verticalement dans l'eau. Il restera cylindrique, parce que la pression des liquides extérieurs et intérieurs à la même hauteur sera la même. Remplacez l'eau extérieure par l'air, immédiatement le tube se déforme et devient un ovaire conique renflé dans le bas ; remplacez, au contraire, l'eau intérieure par de l'air, en laissant l'eau extérieure, le cylindre se déforme et devient un ovaire conique rempli par le haut.

Ainsi, en raison des rapports établis entre les pressions intérieures et extérieures aux différents points de l'enveloppe, cette enveloppe pourra passer d'une forme extrême à une autre forme extrême et contraire, en prenant toutes les formes intermédiaires et en oscillant autour de sa forme équilibrée de constitution, qui est celle d'un tube cylindrique.

Et maintenant, au lieu de laisser le tube élastique entièrement libre, fixez-le, de distance en distance, par des anneaux rigides ou par des tours d'hélices en fils métalliques. Ce tube se façonnera en cellules plus ou moins bombées entre les séparations rigides ; et l'ensemble de ces cellules inégales donnera, pour la courbe tangentielle à la somme des pourtours, une forme générale qui se rapprochera de l'ovaire unique, dans le cas du tube complétement libre ; alors la vibration entre ces formes et ces dispositions de cellules se fera en raison des variations de pressions fluides.

Soit encore un tube élastique ; cloisonnez-le intérieurement par de petits ajustages rigides, ayant même ouverture réduite. La partie élastique, qui est comprise entre les deux ajustages de chaque cellule, pourra osciller sous l'influence des pressions intérieures et extérieures, et transformer ainsi les formes et la capacité des cellules, de manière à rétablir constamment le rapport moyen entre le courant général de l'intérieur et le courant général de l'extérieur.

Au contraire, adoptez des cloisons élastiques comme seraient de petites poches percées d'un trou central. Cette cloison se façonnera en ajustages d'écoulement dans le sens du courant intérieur ; et cet ajustage formera une courbe continue qui sera le prolongement de la courbure continue que prendra le pourtour élastique de chaque cellule. Ce sera le petit bout d'un ovaire, et ces ovaires seront emboîtés les uns dans les autres suivant le plan de cloisonnement. Si le pourtour du tube était rigide, la cloison élastique se transformerait en ajustage conique plus ou moins allongé, avec ouverture plus ou moins dilatée, et alors le circuit vibrerait entièrement pour se débarrasser immédiatement des excès de pression et revenir à sa pression normale.

Ces circuits élastiques, on peut les combiner entre eux de différentes manières. Ainsi, on peut avoir des circuits concentriques de fluides qui s'enveloppent successivement, et ces fluides liquides ou gazeux pourront être fort variables de nature et de pression. Ainsi encore, les circuits élastiques peuvent être accolés en faisceau, et tous ces tubes se façonneront en cellules et en spirales plus ou moins bombées, qui faciliteront et régleront les courants, en vibrant constamment sous l'influence des changements de pression dans l'état des fluides circulants.

Cette invention générale des circuits élastiques, plus ou moins arrêtés dans leur position générale et cellulaire, a une importance extrêmement grande pour la mécanique naturelle et pour la mécanique industrielle. C'est un ensemble de lois nouvelles qui expliquent et démontrent les conditions de la circulation organique chez tous les êtres de la nature. Ce sont aussi les lois nouvelles de la circulation dans la mécanique organique, quand on abordera pour la fonction des fluides dans les machines les opérations de force vive continues, graduées, réglées et plus ou moins délicates.

TAMPONNAGES ÉLASTIQUES.

La mécanique actuelle n'a pas encore aperçu la nouvelle loi du tamponnage élastique que je propose pour tous les foyers d'opération mécanique des fluides, tels que bouches à feu, pompes à liquides, cylindres à vapeur, etc., et cependant cette loi a une importance considérable, au point de vue théorique et pratique, pour utiliser le plus possible la force élastique du fluide, en évitant les pertes, les chocs brusques et battements, les reculs et ébranlements, etc...

Prenez un cylindre à vapeur, par exemple. Aujourd'hui, son fond est rigide et fixe; le dessous de son piston est rigide aussi, et on dispose avec difficulté des segments métalliques pour que ce piston s'applique exactement contre la surface bien alésée du cylindre. Eh bien! changez cela comme il suit : le dessous du piston massif, rendez-le élastique par des ressorts métalliques, ou mieux par des plaques de substances molles, recouvertes au besoin d'une feuille métallique; faites-en autant pour le fond du cylindre.

Ce qui se passe alors, le voici : la vapeur, qui arrive avec une très-forte pression, commence par employer une partie de sa force à refouler le tampon élastique de la culasse du cylindre, puis le tampon élastique du piston. Par ce dernier refoulement, le cylindre est complétement bouché de manière à éviter toute fuite, quand même la surface serait assez grossièrement alésée; de plus, le piston se met en mouvement en vertu d'une force moins brusque et moins exagérée, d'autant plus que le refoulement des deux pistons augmente du premier coup l'espace dans lequel la vapeur se développe.

Mais, à mesure que le piston s'élève et que la vapeur se détend, les tampons élastiques se détendent aussi; et dans ce mouvement, non-seulement ils rendent de la force à la vapeur par leur mouvement de compression, mais encore ils diminuent le vide du cylindre et réduisent d'autant l'épanouissement de la vapeur.

On n'a donc aucune perte de la force de la vapeur; car on absorbe les excès de pression au premier moment pour les rendre aux défauts de pression dans les derniers moments. De plus, on évite au piston et à l'arbre de mouvement les brusqueries et les ébranlements provenant des inégalités excessives de force qui agissent sur eux; enfin, on soulage énormément tous les supports du cylindre et de la machine en détruisant les effets du recul.

Observez encore que cette nouvelle invention des tamponnages élastiques se prête à tout un nouvel ordre de construction pour les solides destinés à supporter l'action des chocs les plus brusques et les plus formidables.

Il y a donc dans ces nouvelles propositions de grands avantages de construction et de service au point de vue de la simplicité, de la régularité et de l'économie; et ces dispositions s'appliquent à toutes les machines à vapeur, à gaz et à liquides, et aussi aux machines à poudre, c'est-à-dire à toutes les armes à feu, petites ou grosses.

De là résulte un système d'artillerie générale entièrement nouveau, que j'appelle l'*artillerie organique*, et qui offre des avantages immenses. Je vais développer les dispositions relatives à cette nouvelle artillerie. Et ces dispositions s'appliqueront avec une plus grande facilité aux machines à vapeur, à eau, etc.; car une bouche à feu, avec ses gaz de la poudre, sa culasse cylindre et son projectile piston, est analogue au cylindre à vapeur, avec cette différence que, dans la bouche à feu, le fluide arrive à des pressions de 2,000 atmosphères, tandis que les plus fortes machines à vapeur ne dépassent pas 10 atmosphères.

BALISTIQUE A ÉLASTIQUE.

L'artillerie organique se distingue par le principe nouveau des tampons élastiques appliqués à la pièce, au projectile et aux affûts ou supports, à la place de la rigidité absolue que l'on a exigée jusqu'à présent. De plus, cette artillerie sera déterminée dans tous ses éléments en fonction du calibre, en évitant toute arête et toute saillie dans les circuits du mouvement et du service. Ainsi, les rayures, au nombre de quatre ou de six, seront formées d'arcs de cercle tangentiels et tracés géométriquement en fonction du calibre. Ainsi encore, le pas de l'hélice aura une longueur égale à la circonférence du calibre, pour la charge minimum de 5 pour 100, avec faculté d'accroissement de ce pas pour les augmentations de la charge.

Les projectiles organiques seront composés d'un bloc rigide, surtout pour la partie antérieure ; mais ils porteront, sur certains points, des blocs élastiques en substance gommo-organique. C'est surtout à la partie postérieure du projectile que cette élasticité sera appliquée. Ainsi, le tampon pourra être un cylindre massif et de calibre, dont la tête antérieure sera façonnée pour se coller contre le culot du projectile, lequel peut être sphérique, cylindro-conique ou cylindro-sphérique, symétrique ou non à l'avant et à l'arrière. Le tampon élastique peut être aussi un anneau qui reste vide au milieu, ou qui embrasse soit la fusée du projectile, soit une queue dont le diamètre peut aller jusqu'aux quatre cinquièmes du calibre, par exemple; et le pourtour de la queue sera cannelé, en ligne droite, pour fournir des points d'appui. On peut aussi incruster, sur le pourtour rigide du projectile, des anneaux ou des tenons élastiques. Enfin, je ferai cette proposition extrêmement importante, de terminer la partie postérieure du tampon élastique, cylindre ou anneau, par des dentelures en hélice, au nombre de quatre, six, huit, etc.

La bouche à feu organique est caractérisée par cette proposition nouvelle de rendre le fond de la culasse élastique, ce qui bouche les fuites de gaz, conserve la force vive, amortit le recul. Cette condition peut être obtenue en introduisant par la bouche un tampon mobile que l'on laisse appliqué contre la culasse pendant tout le temps du service, ou bien par un tampon mobile que l'on introduit par la culasse ouverte, ou bien par un tampon massif ou annulaire, qui est fixé sur la plaque d'une culasse mobile et bouche l'ouverture postérieure de la pièce.

Cela posé, quand le coup part, la masse des gaz d'explosion refoule le tampon de la culasse qui bouche hermétiquement la pièce, quelque peu raffinés que soient l'alésage et l'ajustage; ces gaz refoulent aussi le tampon postérieur du projectile, qui bouche et arrête toutes les fuites de gaz. On est donc là dans les conditions les plus parfaites qu'il soit possible de désirer. Toute la force des gaz est utilisée, et on leur présente, au premier instant, l'espace et les ressorts nécessaires pour éviter les brusqueries excessives de l'action, puis les pertes et les battements qui en résultent.

Le projectile, avec son tampon refoulé, avance forcément dans la pièce. Si l'âme est lisse et le tampon plan à sa partie postérieure, ce projectile s'avance droit; si le tampon est taillé en hélice à sa partie postérieure, le projectile tourne, l'anneau étant alors rendu rigide par l'extrême refoulement qui le fait mordre dans les cannelures de la queue en même temps qu'il tamponne rigoureusement l'âme. Enfin, quand la pièce est rayée, le tampon massif ou annulaire est rendu rigide par le refoulement qui fait entrer dans les rayures une partie de son pourtour, et ces parties entraînent le tournoiement du projectile dans les rayures de la pièce.

Quoi qu'il en soit, à mesure que le projectile avance dans la pièce et que la pression des gaz intérieurs diminue, les tampons se détendent progressivement en rendant la force qu'ils ont reçue. Le projectile une fois sorti, le tampon élastique reprend sa position normale, et alors le projectile, ayant une surface lisse, puis une queue allégée par la faible densité du tampon, se meut dans l'air, conformément aux meilleures conditions de la balistique. Pendant ce temps, la pièce, grâce à son tampon élastique, n'a subi presque pas de déplacement de recul, et peut être immédiatement chargée dans sa position permanente en batterie.

Ce nouveau système de tamponnage élastique de la culasse résout, d'une manière générale et admirablement simple, le problème du chargement par la culasse, même pour les pièces assez grossièrement ajustées. Il suffit, en effet, d'appliquer toujours sur le fond de la culasse mobile un tampon élastique, soit massif, soit annulaire, qui sera collé sur le fond, ou qui pénétrera dans le massif en arrière de ce fond, ou qui sera mobile sur ce fond, étant placé à la main ou étant fixé à une tige qui traverse le centre de la culasse.

En ce qui concerne la manœuvre de cette culasse mobile, on peut employer bien des procédés. Voici les principaux que je propose : 1° culasse portière, à charnières horizontales ou mieux verticales, l'une de ces charnières étant mobile et se fermant par un boulon; 2° culasse à hélices : elle se fixe à l'âme de la pièce par des hélices intérieures ou extérieures, au moyen d'un mouvement de rotation; quand elle est dégagée de l'âme, on peut l'écarter par un mouvement de tiroir ou de charnière; 3° culasse à crochets : elle agit semblablement; seulement, au lieu de vis, elle porte extérieurement des saillies qui s'engagent dans des crochets ménagés sur la tranche postérieure de la pièce; 4° culasse à disques : la pièce garde sa culasse fixe; elle est échancrée en avant pour le passage de la charge et pour le mouvement de bascule autour d'un axe latéral, de deux disques dont l'intérieur porte le tampon élastique sur sa face antérieure; dans le cas où l'on manœuvrerait le tampon à la main, un seul disque suffit; 5° culasse à glissoires : la pièce ouverte se termine par deux branches parallèles, entre lesquelles glisse la culasse; elle porte à sa face postérieure une poignée tournante, avec levier ou double excentrique qui se fixe dans les barres; 6° culasse à grand ressort, applicable surtout pour les petites armes. La culasse arrive par un déclic dans l'axe de la pièce, comme un marteau qui porte en avant le tampon élastique précédé d'une pointe pour percer la cartouche et déterminer l'explosion. Il va sans dire que l'on peut combiner entre eux les éléments de ces modes divers de chargement par la culasse.

Je terminerai ce qui est relatif à cette artillerie organique en proposant encore les supports, fûts, affûts organiques. Ainsi, pour les armes à main, fusils et même pistolets, tout en maintenant la solidité des formes, introduisez l'élasticité par l'application combinée de plaques de métal et de plaques gommo-organiques. Ainsi encore, pour les affûts, mettez des plaques et des tampons gommo-organiques derrière les épars et les flasques, pour amortir le recul et remplacer les bragues..... Mettez-en aussi aux encastrements, aux points d'appui de la pièce sur ses supports, etc.

RÉSERVOIRS ÉLASTIQUES DE FORCE.

Dans ce qui vient d'être dit sur l'emploi des solides élastiques dans la mécanique générale, on a considéré les pressions et les réactions alternant d'une manière continue et presque instantanée; mais on peut s'arranger de manière à mettre tel intervalle de temps que l'on voudra entre la pression et la réaction, entre la récolte et la dépense; dès lors on fait de ces solides de véritables réservoirs ou magasins de force.

Cette nouvelle proposition des réservoirs élastiques sera réalisée dans des blocs composés de deux parties : l'une est rigide et sert de carcasse, d'appui et de guide; l'autre est élastique, se comprime et se détend dans les conditions fixées par la première. Les parties élastiques seront en métal, ou, mieux, en substances gommo-organiques.

L'action mécanique de ces réservoirs, pour la compression comme pour la détente, sera rectiligne ou circulaire : soit un cylindre élastique qui est guidé par des tiges droites, centrales ou latérales, et qui s'arrête par une crémaillère ; soit un cylindre élastique qui agit en tournant autour d'un axe fixe, et qui est arrêté ou lâché au moyen d'un pignon denté avec déclic.

Ces réservoirs élastiques récolteront les excès de force qui seraient nuisibles ou perdus, comme par exemple les excès de vitesse dans les machines ou dans l'action de la gravité sur des poids. Ces réservoirs récolteront aussi les forces irrégulières dans leur puissance et dans leur énergie, comme les vents par exemple. Et, ces récoltes faites, vous pourrez les transporter et les emmagasiner comme vous voudrez. Quant à l'emploi moteur de ces réservoirs chargés, ils seront précieux pour produire, où et quand on le voudra, des efforts mécaniques, en dépensant en tout ou en partie la force qu'ils tiennent emmagasinée, soit pour agir sur des masses immobiles, soit pour donner un supplément de force à des corps en mouvement.

L'application la plus curieuse consistera à régénérer l'ancienne artillerie des arbalètes, balistes et catapultes, pour agir en rase campagne, sur les vaisseaux, sur les retranchements. Ces réservoirs élastiques seront alors fixés sur des châssis encastrés ou roulants ; ils porteront des appendices pour être chargés, des déclics pour être arrêtés et tirés, d'autres appendices avec marteaux ou cuillers pour lancer au loin les projectiles.

Comprenez donc l'importance de cette proposition nouvelle des réservoirs élastiques ; ils vous donnent le moyen de régulariser l'action des machines, de récolter des forces perdues, de transporter et d'emmagasiner cette récolte, de la dépenser où et quand vous voulez, pour produire tel effet de pression, de mouvement et de projection que vous voulez.

LA MÉCANIQUE ORGANIQUE.

CHAPITRE XI.

Création et régénération des pressions.

CONDITIONS GÉNÉRALES.

Les nouvelles propositions et inventions que je présente ici ont une importance considérable. Elles se résument ainsi dans leur principe et dans leur but : 1° Étant donné un fluide en équilibre, sans changer sa nature, lui faire acquérir par un courant continu une pression deux, trois, quatre, etc., fois plus forte; 2° régénérer la pression d'un courant de fluide qui vient de s'épuiser en donnant sa force motrice à un opérateur quelconque, et le ramener à la pression d'entrée sur cet opérateur.

Et, pour préciser la nature de ces nouvelles propositions, je dirai qu'il s'agit de ce qui suit : soit de forcer le filet d'eau d'un bassin à pénétrer dans une colonne d'eau de 30 mètres de hauteur ; soit de forcer l'air atmosphérique à pénétrer de lui-même dans une caisse d'air à la pression de 4 atmosphères; soit de forcer de la vapeur épuisée à la température de 100°, à la densité de 0.62 et à la pression de 1 atmosphère, à pénétrer couramment dans une chaudière remplie de vapeur à la densité de 4.65 et à la pression de 5 atmosphères.

Au premier aspect, ce sont là des problèmes dont la solution paraît tellement choquante que la prétention de les résoudre sera généralement taxée d'absurdité et de folie. Sûrement la science et l'industrie actuelles de la mécanique ne se sont jamais oubliées au point de penser même à énoncer de pareils problèmes. Eh bien ! elles ont eu tort, grand tort, et désormais elles écouteront, comprendront et appliqueront cette absurdité apparente : faire qu'un fluide qui a une pression de 1 batte forcément et d'une manière continue un fluide à la pression de 5.

Et cependant, étudiez avec soin la nature, et vous reconnaîtrez que partout, et à chaque instant, elle résout des problèmes semblables de mécanique. Ne voyez-vous pas les fluides les plus légers pénétrer d'eux-mêmes dans les plus denses? L'eau pure ne pénètre-t-elle pas les eaux plus denses et plus visqueuses? L'air ne pénètre-t-il pas dans l'eau? Toute une série considérable de grands phénomènes minéraux et géologiques ne résulte-t-elle pas de ce grand fait, trop inaperçu dans ses grandes conséquences, des infiltrations et des ascensions des fluides plus ou moins minéraux dans les fentes et les pores des roches diverses? Les végétaux ne montrent-ils pas à chaque instant l'eau du sol qui monte, sous le nom de *sève*, dans des liquides plus denses, jusqu'à des hauteurs mesurées par 2, 3, 4 atmosphères? Enfin, dans la circulation des fluides animaux, ne voyez-vous pas l'air à la pression atmosphérique qui conduit à des fluides plus denses et doués de pressions beaucoup plus fortes?

Ce serait donc seulement par suffisance, provenant d'une ignorance et d'une négligence générales, que l'on pourrait accueillir par des moqueries l'énoncé des grands problèmes que j'ai formulés. La nature se charge de répondre aux moqueurs futiles, et la véritable mécanique, science et industrie, doit s'empresser de résoudre ces nouveaux problèmes, car elle en retirera les plus grands avantages au point de vue de la simplicité et de l'économie des moyens et du service.

Quel exemple plus frappant en voulez-vous que ceci : 1 kilog. d'eau a donné 1 kilog. de vapeur à 5 atmosphères, en exigeant 550 calories pour se réduire en vapeur, et 153 calories pour élever sa température au point convenable, soit en tout 703 calories. Après avoir donné sa force motrice, le kilogramme de vapeur à la pression atmosphérique contient encore 650 calories : or, aujourd'hui, ces 650 calories, ou bien vous les rejetez, ou bien vous n'en utilisez guère que 100 dans les machines à condensation, et vous en rejetez 550. Eh bien! pourquoi ce gaspillage de 75 à 90 pour 100 de la chaleur que vous avez donnée à la vapeur avec tant de peine? et quels profits immenses si vous redonniez à cette vapeur, possédant toujours ses 650 calories, ce qui lui manque pour reprendre sa pression de 5 atmosphères et agir de nouveau sur l'opérateur!

DISPOSITION ORGANIQUE.

Pour présenter d'une manière nette et précise les nouveaux principes et les nouvelles dispositions de ces luttes de fluides à faible pression contre des fluides à forte pression, soit le cas général de la régénération de la vapeur d'eau qui sort épuisée du cylindre d'une machine, et que je veux forcer à rentrer d'elle-même dans la chaudière.

Allons du simple au composé, et commençons par considérer un circuit isolé, composé de substances rigides et imperméables. Donnez à ce circuit la forme générale d'un cœur très-allongé, et composez cet ovaire général d'une enfilade d'ovaires en cœur, emboîtés les uns dans les autres, à lobes développés et saillants, à pointes effilées et pénétrantes. La capacité et les ouvertures de ces ovaires partiels vont en diminuant de plus en plus, à mesure qu'on se rapproche de la pointe de l'ovaire général.

Ce circuit général s'ouvre largement, à son entrée, par un ajustage évasé, dans la paroi du réservoir d'échappement, là où l'opérateur de la machine projette le fluide épuisé. De l'autre côté, le circuit se termine par une pointe très-effilée, tranchante et à petite ouverture dans l'intérieur de la chaudière à vapeur.

Le système général du circuit de régénération comprend donc les conditions essentielles que voici : entrée forcée du fluide à faible pression par une large ouverture ; sortie forcée par une très-petite ouverture de ce même fluide, qui a acquis par conséquent une forte pression ; transformation régulière et fixe de ces pressions de la même masse fluide, au moyen des cloisonnements des ovaires intermédiaires.

Cela posé, voici ce qui se passe dans le fonctionnement du circuit : Le fluide d'échappement est continuellement projeté dans le premier ovaire de la base du circuit. Le fait de la concentration du fluide vers l'ouverture d'entrée de l'ovaire accuse déjà une augmentation de pression et de vitesse. Une fois dans l'ovaire, le fluide, qui y est arrivé avec une pression un peu supérieure à celle du fluide d'échappement, se trouve encore un peu comprimé, à cause du débit constant par l'ouverture d'entrée, pendant que l'écoulement doit se faire par une ouverture plus petite.

On peut donc établir que le fluide sort de la pointe du premier ovaire avec une pression supérieure de $^1/_{10}$, par exemple, à la pression P du fluide épuisé entrant dans le second ovaire. Avec cette pression, le fluide s'y concentre comme dans le premier ovaire, pour en sortir ensuite avec une pression supérieure de $^1/_{10}$, et qui sera par conséquent représentée par $P + {}^2/_{10}\ P + {}^1/_{100}\ P$.

Sorti du second ovaire avec cette pression pour entrer dans le troisième ovaire, le fluide sortira de ce dernier avec une pression mesurée par $P + {}^3/_{10}\ P + {}^3/_{100}\ P + {}^1/_{1000}\ P$....., et ainsi de suite, la pression réalisée dans l'ovaire précédent augmentant toujours d'un dixième dans le nouvel ovaire où elle pénètre.

La loi de progression, pour cette régénération de pression, dépend des dispositions de détail. Le grand principe d'efficacité, c'est que les ajustages coniques d'écoulement soient aussi effilés que possible. Alors on comprendra qu'après avoir parcouru un circuit de 60 à 80 ovaires, par exemple, la vapeur à la pression atmosphérique, qui est entrée largement par une extrémité du circuit, débouche par l'extrémité opposée de ce circuit dans l'intérieur de la chaudière avec une pression qui perce la résistance des masses fluides enfermées.

Pour favoriser cet effet d'écoulement et de pénétration, il est important d'observer les dispositions suivantes : la pointe effilée et tranchante du circuit débordera la paroi intérieure de l'ovaire de la chaudière; cette pointe débouchera dans la partie de la chaudière où la vapeur, à la moindre pression, sort un peu au-dessus du niveau d'eau; enfin, cette pointe du circuit aura une direction concordante avec le courant général de la vapeur dans la chaudière.

Ce qui vient d'être exposé est la règle absolue pour la génération des pressions dans les courants de fluides; elle est indépendante de la nature fluide, vapeur, eau, air, gaz; elle est indépendante aussi du procédé que l'on emploie pour projeter le fluide à faible pression dans l'entrée du circuit. Ainsi, la pression atmosphérique peut suffire pour alimenter cette fourniture. Cette règle est indépendante enfin de l'usage que l'on peut faire du jet fluide à haute pression qui s'échappe par la pointe effilée du circuit, ce jet pouvant rentrer dans un réservoir général de haute pression, ou dans un foyer de production, ou dans un foyer d'opération.

EMPLOI DE LA CHALEUR ET DE LA CAPILLARITÉ.

Je viens de considérer le fluide isolé dans son enveloppe rigide et inerte, et j'ai établi ainsi le squelette, en quelque sorte, de l'organisme mécanique de la régénération; mais on ne devra que rarement, surtout pour les vapeurs et les gaz, s'en tenir là. Je propose, en effet, des moyens nouveaux pour étendre et activer beaucoup la puissance de la fonction de cet organisme. Parmi ces nouveaux moyens, un des plus faciles et des plus efficaces consiste dans l'emploi de la chaleur.

On sait que, pour chaque degré d'augmentation de chaleur, la pression des gaz et des vapeurs isolées de leur liquide augmente de $^1/_{267}$. Or, supposez que la carcasse du circuit soit entourée par un milieu à la température de 350°, par exemple, quand le fluide naturel et épuisé a une température bien moindre, soit 100° pour la vapeur d'échappement. Dès le premier ovaire, la température du fluide précipité monte à 200°, par exemple : c'est donc de ce fait une augmentation de $^{100}/_{267}$ dans la pression qui vient s'ajouter a accroissements provenant des simples conditions d'ajustage. Dans le second ovaire, la température sera de 210°, par exemple : ce sera encore un surcroît de $^{10}/_{267}$ pour la nouvelle pression, et ainsi de suite.

Cette action puissante de la chaleur pour augmenter la pression dans le courant peut être combinée de bien des manières avec la disposition des conduits ou ovaires. Ainsi, la chaleur peut circuler dans un tube ou un faisceau de petits tubes qui passent à travers les ouvertures des ovaires; la chaleur peut aussi se ramifier par des petits tubes à boules dans l'intérieur même des ovaires, et ces dispositions peuvent être combinées avec l'enveloppe de chaleur qui entoure le circuit général, dont les plaques sont rayées, noircies, etc., afin d'absorber le plus de chaleur possible.

Observez que cette chaleur devra être entretenue par des courants fluides, et que ces courants de chaleur, vous les ferez toujours arriver en sens contraire du courant fluide que vous voulez échauffer et régénérer. De cette manière, vous aurez la plus grande masse et la plus grande énergie de chaleur vers les ovaires effilés de la pointe du circuit, là où cette énergie est nécessaire pour influencer les jets déjà chauds et à forte pression du fluide; et, au contraire, vous aurez la moindre chaleur autour des larges ovaires de l'embouchure du circuit, là où le fluide est en masse, de faible température et de faible pression. Il y aura donc action progressive et continue de la chaleur sur toute l'étendue du circuit.

Dans les machines à vapeur, vous réaliserez cette condition essentielle avec la plus grande facilité en établissant le conduit à ovaires dans le cylindre, ou cône, de la cheminée du foyer de combustion. Là, on a la progression naturelle de la chaleur, les pointes effilées du circuit se trouvant près de la forte chaleur du foyer de combustion. Observez qu'il y aura un avantage énorme à faire déboucher dans la vapeur de la chaudière ou du conduit d'opération, qui aura une température de 130° environ, de la vapeur sèche, à la température de 400°, par exemple. Le mélange des deux vapeurs, en présence de la masse liquide, donnera une force énorme avec peu de dépenses.

Un troisième principe de disposition générale, toujours dans le cas de substances rigides et imperméables pour la constitution du circuit, consiste à introduire la force de la capillarité pour activer l'énergie de l'augmentation de pression; et cette disposition nouvelle sera obtenue principalement en rapprochant le plus possible les ajustages de cloisonnement, dont les inclinaisons iront en augmentant progressivement à mesure qu'on se rapprochera de la pointe d'écoulement. On peut encore augmenter l'action de cette capillarité en établissant entre les cloisons des petites tiges de support intérieur dans le sens du courant.

Ainsi donc, ces principes généraux de la régénération de pression des fluides épuisés, ou de la génération de pression dans les fluides en équilibre, comme l'air atmosphérique ou les surfaces d'eau, etc...; ces principes se résument comme il suit, dans le cas général des surfaces rigides et imperméables : forme générale du circuit en grand ovaire effilé par la pointe d'écoulement du fluide régénéré; partage de cet ovaire général en ovaires partiels de plus en plus réduits en volume, et à pointe de plus en plus effilée; application de la chaleur à l'extérieur et à l'intérieur de ces ovaires, en établissant la plus forte température vers la pointe d'écoulement du fluide régénéré; rapprochement des cloisonnements intérieurs pour développer l'action de la capillarité, qui activera le mouvement de régénération.

ÉLASTICITÉ ET POROSITÉ DU CIRCUIT.

Ces conditions générales étant établies pour le cas des substances rigides et imperméables dans la construction du circuit, j'entre maintenant dans un nouvel ordre de propositions qui, tout en admettant ces conditions générales, introduisent les nouveaux éléments de l'élasticité et de la porosité dans la nature des substances, ce qui amène toute une série de conditions nouvelles pour le fait de la régénération, en même temps que de grandes facultés de combinaisons dans un champ d'applications plus étendues.

Au point de vue de l'élasticité, formez votre circuit d'une enveloppe représentant un grand ovaire conique et élastique avec ajustages rigides dans l'intérieur. Si ce circuit est libre dans le milieu du fluide épuisé, dans l'air atmosphérique, par exemple, les enveloppes élastiques se façonneront en cœur dont les lobes iront en saillant de plus en plus, à mesure qu'on avancera vers la pointe. Si le milieu dans lequel est plongé le circuit est à une pression supérieure à celle du fluide épuisé, comme cela aurait lieu en entourant ce circuit d'eau chargée ou de vapeur à forte pression, les enveloppes élastiques se creuseront vers l'axe du circuit dans les grands ovaires de l'origine, et ce creusement ira en diminuant, à mesure que les ovaires se rapprocheront de la pointe du fluide régénéré. Si enfin le circuit est plongé dans un milieu dont la pression va en augmentant progressivement depuis les grands ovaires de l'origine jusqu'aux ovaires effilés de l'écoulement, comme cela serait réalisé par un circuit vertical qui serait plongé, la pointe en bas, dans une colonne d'eau, alors les rapports entre la pression du fluide régénéré de l'intérieur et du fluide enveloppé se trouvent établis dans une progression régulière, et les ovaires du circuit conservent leur enveloppe élastique dans la forme conique plus ou moins continue.

Ainsi donc, en partant de la même enveloppe élastique pour le circuit, et en admettant des cloisonnements rigides, on peut, en raison des formes et des espacements de ces cloisonnements, puis aussi en raison des rapports de pression entre le fluide soumis à la régénération et le fluide enveloppé du circuit; on peut obtenir, pour les volumes et pour les formes des ovaires partiels, des différences considérables. Ces différences amèneront de grandes variations dans les conditions de la régénération, et généralement elles contribueront à activer et à régulariser beaucoup cette régénération, surtout quand le circuit sera enveloppé de fluides à des pressions plus fortes que celle du fluide à régénérer.

L'élasticité de l'enveloppe permet donc de faire entrer dans la mécanique régénératrice la nouvelle action des fluides extérieurs, en même temps que le flottement des formes des ovaires, dans les conditions les plus favorables en raison des circonstances.

Ces conditions nouvelles se manifestent encore avec plus de variété et de délicatesse dans le cas où les cloisonnements intérieurs sont aussi élastiques. Alors tout se dispose de soi-même, en raison des circonstances, dans les limites fixes déterminées par quelques anneaux et quelques guides.

Je rappellerai enfin que ces surfaces élastiques et plus ou moins minces, comme des membranes, permettent le développement de la force d'endosmose dont on connaît la puissance, et qui activera le courant de régénération.

Soit maintenant l'influence de la porosité dans la nature des substances constitutives du circuit. Cette perméabilité des enveloppes et des cloisonnements du circuit introduira immédiatement de nouvelles conditions de rapports et de mélange entre les fluides extérieurs et intérieurs; puis elle excitera le développement d'action des forces dites de *capillarité* et d'*endosmose*, qui influeront beaucoup sur la nature et sur l'énergie de la régénération.

La condition de porosité sera réalisée par l'adoption de dispositions spéciales qui peuvent être isolées ou réunies, à savoir : l'emploi de substances poreuses de leur nature, l'emploi de substances poreuses ou rigides, mais disposées en une multitude de petits ovaires organiques dans le sens voulu. Ces dispositions nouvelles augmenteront beaucoup la densité et la pression du fluide soumis à la régénération, malgré la perte de force provenant des frottements plus multipliés.

Ainsi donc, en outre des substances rigides et imperméables, telles que métaux, pierres, mastics, verres, bois durs, etc..., que l'on emploie généralement pour la construction des enveloppes et des cloisons de circuit, employez dans certains cas les substances poreuses et perméables, telles que bois tendres dans le sens des fibres, poteries, pierres naturelles ou artificielles, brins ou tissus de laine, coton, chanvre, crin, et en général matière filamenteuse, même de métal très-étiré.

En outre, dans la construction des surfaces enveloppantes et cloisonnantes du circuit, qu'elles soient imperméables ou poreuses, établissez le système de percements en ovaires multipliés, effilés, rapprochés, et dont l'action sera toujours dirigée de dehors en dedans, c'est-à-dire toujours dans le sens même du circuit. Alors vous apporterez au courant de fluide le concours de tous les appels et de tous les efforts partiels, et vous assurerez ainsi avec énergie, rapidité et régularité la fonction générale de la régénération.

Cette condition générale de porosité, soit par la nature poreuse des substances, soit par l'organisation en petits ovaires, comporte l'action combinée et même le mélange du fluide extérieur au circuit avec le fluide à régénérer qui circule dans l'intérieur. Les conditions de fluidité, de densité, de chaleur et de pression que présentera ce fluide extérieur maintenu à l'état d'équilibre ou de courant, ces conditions influeront beaucoup sur la nature substantielle et mécanique du courant de fluide que projettera le circuit de régénération. Tous les petits ovaires du circuit deviennent alors autant de petits centres de génération et de mouvement mécanique pour amener l'organisation complète de la régénération fluide que l'on désire.

LA MÉCANIQUE ORGANIQUE.

CHAPITRE XII.

Régulateurs, distributeurs, consommateurs.

RÉGULARISATION GÉNÉRALE.

La mécanique générale ne peut fonctionner qu'à la condition de mesures et de régularités dans la quantité des forces qui alimentent les mouvements. Aussi chaque être organique de la nature est-il muni d'appareils régulateurs et distributeurs de fluides, lesquels appareils sont en rapport avec les limites de la faculté mécanique de ces individus. Eh bien ! il doit en être de même de chaque machine rendue organique. Elle doit porter en elle-même et pour toutes les circonstances de sa fonction générale les régulateurs des forces qui se présentent pour agir sur elle, afin d'écarter les excès qui briseraient sa constitution ou laisseraient s'éteindre sa fonction. Abordons la série de ces compléments indispensables de la mécanique.

Quand on étudie les êtres naturels, on voit que c'est surtout par le jeu des diaphragmes qui recouvrent les ouvertures, puis par le morcellement combiné des ouvertures de récolte et de dépense, puis par les oscillations de l'élasticité constitutive, que ces êtres de la mécanique naturelle réalisent la mesure et la régularité dans l'emploi des forces fluides qui se présentent.

Quant aux êtres de la mécanique industrielle, on reconnaît que la plupart d'entre eux ne possèdent aucun moyen organique de mesure, de régularité et de distribution. Non-seulement la condition régulatrice de l'élasticité vibrante leur a échappé, mais encore la condition de variation dans les masses ou dans les ouvertures régulatrices n'est appliquée que d'une manière restreinte, brusque et accidentelle en quelque sorte. Quant à la distribution, elle se fait par des ouvertures rares et mal combinées où les masses de fluides se présentent avec une inertie brute.

Aussi peut-on dire que ces machines, même les plus perfectionnées, comme les machines à vapeur et à électricité, n'ont en elles-mêmes rien de réellement organique. Je propose, au contraire, d'avoir d'une manière permanente des régulateurs, distributeurs et mesureurs pour les fonctions de tous les grands organes des machines, et je propose en outre de faire enregistrer toutes les circonstances du mouvement d'une manière fixe et transportable.

Quand on approfondit l'ensemble de l'action organique des mécaniques naturelles ou industrielles, on reconnaît que la régularisation générale doit s'appliquer dans quatre conditions distinctes :

1° La régularisation du mouvement général, obtenue surtout par le régulateur de masse et de vitesse dans l'organe principal de la machine, soit le grand arbre de mouvement par exemple ;

2° Le régulateur de pression pour les masses fluides qui traversent la machine en alimentant la force vive de ses organes ;

3° Le distributeur de fluides pour prendre le fluide dans son milieu générateur et le porter par les voies les plus favorables à tous les organes et à tous les foyers de consommation, de manière que ce fluide circule partout et vivifie tout ;

4° Le foyer de consommation, qui doit être réglé en tout pour que l'effet produit soit le plus grand possible, tout en satisfaisant à la loi souveraine de l'économie universelle.

VOLANTS ET ÉLASTIQUES.[6]

En ce qui concerne la régularisation du mouvement général, on peut agir sur la vitesse, sur la masse et sur la disposition de l'organe principal.

Ce que l'on trouve de plus général dans les machines, c'est le volant pour maintenir une certaine moyenne de force et de vitesse, puis le pendule à force centrifuge, comme procédé pour manœuvrer des ouvertures de tube de fluide. C'est beaucoup trop borné et souvent défectueux.

En ce qui concerne les volants, ils sont généralement encombrants, lourds, inertes et dangereux. Vous en réduirez l'emploi par l'introduction de l'élasticité et de la pondération des machines, puis par l'augmentation des vitesses. La formule de la force vive MV^2 montre que l'on pourra réduire considérablement la masse en augmentant un peu la vitesse. En ce qui concerne l'influence organique de la masse, vous augmenterez le plus possible la densité à l'extrémité des rayons. A cet effet, je fais la proposition nouvelle de couler un anneau de plomb dans le massif de métal, fonte, fer ou cuivre, qui formera le tour externe du volant.

Le pendule à force centrifuge n'a pas encore été compris dans sa véritable faculté régulatrice. Ce ne doit pas être seulement un procédé pour manœuvrer un robinet : je propose, au contraire, d'en faire le régulateur organique et absolu du mouvement des grands arbres de machines, régulateur de tous les instants, à tous les degrés, faisant constamment l'office d'un volant variable, flottant et organique ; puis, à la dernière limite des excès, ce pendule-volant devient un frein d'une puissance absolue qui arrête le mouvement de la machine.

Voici les conditions pratiques et organiques de ce pendule, volant et frein : fixez un fort manchon sur l'arbre de mouvement ; à ce manchon, articulez deux, quatre, six, huit branches de pendules terminées par des masses de plomb ; au moyen de colliers coniques, que vous faites glisser sur l'arbre et que vous arrêtez, comme vous voulez, en dessus et en dessous de ces branches, établissez un écartement donné. Vous avez ainsi un véritable volant dont les masses constantes et les cercles variables vous permettront de réaliser tel effet de régularisation que vous admettez pour le régime de la machine.

Et faites maintenant qu'à partir d'un certain cercle inférieur d'écartement, les masses du pendule restent libres de s'écarter autant que possible. Il en résulte ceci : ces branches tendent toujours à s'écarter les unes des autres en vertu de la force centrifuge que développe la puissance motrice de l'arbre en mouvement, et cet écartement s'exerce jusqu'en un point où il y a équilibre entre la force centripète et la force centrifuge qui en résultent ; et, à partir de ce point, tout nouvel écartement est impossible : la machine, ne pouvant accroître sa vitesse, s'arrête.

Cette faculté du pendule-volant, quand il est abandonné à lui-même, de s'agrandir jusqu'à une certaine limite à partir de laquelle l'arbre ne peut plus acquérir de vitesse, cette faculté est précieuse non-seulement pour limiter le mouvement d'une machine spéciale, mais aussi pour limiter les excès de vitesse dans la marche des grands trains de transports en général, et principalement des trains de terre sur les grandes pentes. Observez que, pour ce cas de limites, le pendule, au lieu d'agir au moyen de masses pesantes de plomb, peut porter à son extrémité des surfaces formant disques, dont les efforts luttent contre les résistances des milieux fluides dans lesquels ils se meuvent.

Ces conditions générales et nouvelles des volants organiques servant de régulateurs et de freins pour un arbre mécanique étant bien établies, observez que ce sont là des organes roides, absolus et consommateurs, qui n'agissent que dans des limites spéciales, et seulement par le poids et par la position des masses. Ainsi ces volants ne peuvent opérer d'effet direct de régularisation que sur les arbres à mouvement circulaire, et ils auront toujours quelque chose de dur, gênant, dangereux et dispendieux dans leur action.

Or, vous remédierez à ces inconvénients en régularisant ce mouvement des principaux organes au moyen de dispositions élastiques, lesquelles absorberont les excès de vitesse et de force dans certains moments, pour les rendre comme force active dans le moment où le défaut et le besoin se feront sentir.

Ainsi, composez ces grandes pièces des organes de mouvement d'une manière flexible et élastique dans certaines limites. Vous pourrez obtenir la régularisation directe par l'élasticité, soit dans le sens longitudinal, soit dans le sens oblique, soit dans le sens tangentiel ou circulaire; de telle sorte que la grande pièce de mouvement sera dans un état de vibration continue autour de la position moyenne et normale pour l'action mécanique.

Les élastiques en cylindres ou tampons permettent de réaliser facilement ces conditions régulatrices pour les mouvements alternatifs, qu'ils soient rectilignes ou circulaires. Quant au mouvement circulaire continu, il faut se rapprocher des conditions du volant; et alors je propose le nouveau système de volant à élastique, qui réunit les avantages des volants massifs et des élastiques.

Ainsi, vous pouvez avoir des volants pendules avec balles de plomb mobiles à l'extrémité de tiges élastiques, qui se tendent en s'écartant et consomment ainsi les excès de force; mais, mieux, vous envelopperez l'arbre d'un anneau général élastique qui sera fixé à un anneau extérieur de plomb. Ces deux anneaux, l'élastique et le plombeux, seront partagés par des plans méridiens en secteurs indépendants.

Par l'accélération du mouvement, chacun de ces secteurs élastico-plombeux s'écartera de l'axe et absorbera une grande quantité de force, qu'il ramènera à l'axe en revenant.

FOYER DE CONSOMMATION.

Là où un fluide doit être consommé, les appareils satisferont à certaines conditions générales pour utiliser toute la capacité de ces fluides et pour établir le service régulier d'alimentation et d'expulsion.

Ces nouveaux appareils, je les détermine conformément aux principes que j'ai déjà indiqués pour les courants fluides dans l'ovaire mécanique entouré d'une enveloppe, et je traiterai le cas le plus compliqué: celui des appareils pour la combustion des gaz d'éclairage et de chauffage. Cet appareil général, que j'appelle le *comburo-gaz*, repose sur les conditions organiques que voici :

1° Disposition pour chauffer et régulariser le courant d'air qui doit alimenter la combustion. Aujourd'hui, le courant d'air froid arrive directement sur le gaz en s'introduisant, avec toute la variation des agitations extérieures, par la partie inférieure des appareils. Dans le comburo-gaz, l'air froid s'introduit, par le haut de l'appareil, dans une enveloppe extérieure et fermée par le bas. Circulant entre cette enveloppe et le pourtour de la cheminée, cet air s'échauffe et vient tourner pour remonter dans l'intérieur du bec et de la cheminée. Cette nouvelle disposition s'appliquera immédiatement aux appareils actuels d'éclairage en bouchant tous les trous inférieurs des globes ou vases en tulipe, lesquels représentent l'enveloppe extérieure.

2° Nouvelle forme de cheminée dont le principe général est celui de deux cônes verticaux, la pointe supérieure sur le même axe, et qui sont réunis entre eux par une sphère, le tout avec raccordements. Cette cheminée étant posée sur la grille du support, autour du bec central, son cône inférieur rassemble le plus d'air possible pour le projeter tout entier dans l'étranglement inférieur, lequel se trouve à hauteur du foyer du gaz. Tout ce qui s'échappe de ce foyer vient tourbillonner dans le renflement sphérique, où s'achève la combustion des parcelles d'air et de gaz mal brûlées; ensuite l'étranglement, puis l'ajustage du cône supérieur, facilitent le tirage et la disparition du jet de gaz et de vapeurs provenant de la combustion.

3° Chaque jet isolé de gaz sera traversé par des courants opposés de tranches minces d'air froid que la forme générale du bec suit en ligne droite, polygonale ou courbe. Ainsi, par exemple, dans le bec ordinaire à couronne circulaire avec vide central, la paroi extérieure du bec se prolongera en surface conique ayant le sommet en bas; le centre vide de ce dernier tronc de cône est occupé par un tube terminé aussi en tronc de cône renversé et qui s'élève ensuite au centre de la cheminée. De cette disposition résulte que la couronne de gaz est traversée par deux tranches coniques d'air qui viennent l'une de l'extérieur, l'autre de l'intérieur : de là résulte aussi que les courants d'air froid et non brûlé qui se forment, dans les appareils actuels, au centre et sur le pourtour de la cheminée, se trouvent annulés.

4° Les orifices d'écoulement pour le gaz seront aussi ténus que possible. On augmentera la ténuité des trous actuels en y mettant des fils de platine en saillie. On pourra aussi, dans les jets de gaz, remplacer les bandes de trous par des lignes de petits fils de platine, d'or, d'amiante. Ce dernier système peut être employé aussi pour remplacer les mèches charbonneuses de coton ou autres dans les lampes à liquides, essences, huiles, donnant des vapeurs combustibles.

5° Le gaz, au lieu de se présenter froid à la combustion, y arrivera échauffé par la chaleur perdue. A cet effet, la caisse du gaz qui supporte la couronne du jet se trouve entourée de tous côtés par l'air chaud, d'autant plus que cette caisse comprend aussi l'intérieur du tube central de la cheminée, lequel tube peut être terminé par une boule ou par une poire renversée, en ouvrant le cône supérieur de cette cheminée. Dans ce réservoir central, le gaz sera fortement échauffé par le foyer et surtout par les gaz de la combustion qui s'échappent.

6° Il sera généralement très-avantageux de carburer le gaz pour augmenter la quantité d'hydrogène bicarboné. Cette opération se fera comme il suit : placez la matière carburante, huile, essence, coaltar, etc., dans le réservoir au-dessus de la cheminée, où elle sera échauffée jusqu'à une certaine limite; remplissez ce réservoir d'étoupe ou de mèche; recouvrez le tout par une plaque à cônes renversés et à pointe très-effilée; cette plaque pressant toujours contre les étoupes imbibées de carbure, la partie supérieure de la plaque communique avec le tube d'arrivée du gaz; ce dernier entre dans les petits cônes, traverse la masse des étoupes, se carbure, puis se rend immédiatement dans le jet de combustion.

7° Pour multiplier la lumière, faites-la se réfléchir en la brisant, la dispersant ou la concentrant. A cet effet, l'enveloppe extérieure du comburo-gaz, la cheminée, la caisse qui supporte la couronne de gaz et surtout la tige centrale avec la boule qui la surmonte, peuvent être formées avec des métaux bien étamés ou des poteries polies, mais surtout avec du cristal à parois striées ou lentillées, de manière à disposer de la lumière et de la chaleur comme on le désire.

8° Obtenir l'évacuation rapide et complète des gaz et vapeurs échauffés, inertes ou délétères, qui sortent par la cheminée du bec. A cet effet, recouvrez cette cheminée d'une calotte terminée par un conduit qui portera ces gaz au dehors sans même leur permettre de communiquer avec l'air de l'appartement. Ce conduit, qui pourra revêtir toutes les formes et tous les contours, sera cloisonné, réfléchira la lumière et entourera les tuyaux d'arrivée du gaz, afin que ce gaz enlève le plus possible de chaleur aux produits de la combustion.

Telles sont les dispositions nouvelles organiques du comburo-gaz, lesquelles dispositions peuvent être appliquées soit séparément, soit ensemble, aux appareils actuels de chauffage et d'éclairage ou à des appareils entièrement nouveaux, en se prêtant à une foule de formes et d'emplois. L'appareil complet peut être appliqué soit isolément sur toutes les échelles de grandeur, soit comme élément dans un groupe général d'un certain nombre de comburo-gaz pour produire une somme d'effets. Je me contenterai de proposer les trois grandes spécialités suivantes pour l'emploi de ce système complet.

1° Voici le type de bec complet avec la plus grande simplification possible. Prenez une enveloppe générale en verre sphérique, ou mieux, un ovaire en cœur fermé par le bas, communiquant par le haut avec un tube pour l'expulsion des gaz. Dans ce tube descend le tube du gaz d'arrivée, qui se prolonge suivant l'axe du cœur enveloppe. Ce tube porte la couronne pour la combustion du gaz, puis les supports pour la cheminée en verre, qui sera terminée en ajustage d'écoulement. Un peu au-dessous du niveau de cette pointe de la cheminée, l'ovaire enveloppe portera des ouvertures pour la prise de l'air qui circulera entre les deux enveloppes, descendra pour pénétrer dans la cheminée, brûlera, puis sera rejeté par la pointe de la cheminée dans la pointe supérieure de l'ovaire enveloppe et de là dans le tuyau d'expulsion.

2° Remplacez les lustres à centaines de becs par un faisceau unique, peu volumineux et peu pesant, qui projettera une grande quantité de lumière. Ce faisceau est composé de plusieurs anneaux de gaz concentriques et dont chacun est entouré de deux anneaux d'air qui se coupent sur chaque anneau de gaz. Les anneaux pourraient être dans le même plan; mais, généralement, on les disposera en pyramides, les anneaux se rétrécissant à mesure qu'ils se rapprochent du centre où se trouve le tuyau de conduite du gaz. Les parois concentriques des caisses de gaz sont en métal poli, en poteries ou en cristal; elles servent pour la conduite du gaz et de l'air, puis pour la réflexion de la lumière. Toutes les parties, notamment la cheminée générale et la caisse d'air, peuvent être formées de segments de cristal à facettes et réunies par des bandes métalliques; quant au volume en poire qui se trouve au-dessus de la cheminée et qui fait partie du tuyau de conduite du gaz, il contiendra la caisse d'un carburateur avec plaques à cônes. Ce volume formera un cône renversé à génératrices courbes et concaves, qui seront en métal ou en cristal; les surfaces étant polies et striées. Ce chapeau réflecteur servira en même temps de premier ajustage pour le conduit d'évacuation.

Appliquez ces lustres aux salles de spectacle, en les plaçant tout à fait au sommet, dans les trous du plafond. Ils amèneront gain de place dans les parties supérieures qui ne peuvent être occupées avec les lustres actuels, absence de chaleur, d'éclat et de gaz dangereux ; ventilation énergique, car l'air chaud et les produits de la combustion seront entraînés par une cheminée d'appel au-dessus des toits ; enfin économie considérable.

3o Soit maintenant un vaste comburo-gaz pour un fort chauffage concentré, comme un fourneau, une cheminée et surtout une chaudière à vapeur. Dans ce dernier cas, prenez un fort cylindre vertical ; il contient dans son centre le tuyau d'arrivée du gaz, cloisonné autant que possible. Ce tuyau débouche dans un fond inférieur et composé d'anneaux à gaz avec lesquels il communique par quatre ou six branches de tubes qui servent en même temps de support. Les parois de ces anneaux sont en forme conique et s'évasent par le bas pour activer l'arrivée concentrée des tranches d'air sur le gaz. Cet air est enfermé dans une caisse inférieure, où il arrive constamment échauffé. A cet effet, il passe dans une enveloppe d'un ou plusieurs tubes qui sont échauffés par la chaudière et aussi par les gaz de la combustion, lesquels descendent le long de la chaudière dans une enveloppe extérieure, pour s'échapper par le conduit d'appel. Au-dessus des anneaux de gaz se trouve un espace libre où s'achève la combustion complète ; ensuite commence le fond de la chaudière, qui est composée d'enveloppes cylindriques annulaires et remplies d'eau. Les intervalles entre ces cylindres d'eau servent de passage à la chaleur et aux gaz de la combustion, qui entourent la boîte de vapeur et reviennent descendre le long des parois extérieures de la chaudière. Ces distributions générales peuvent être maintenues quelle que soit la disposition des becs de gaz ainsi que des tubes d'eau, de gaz de combustion et de gaz d'alimentation. Ainsi, la distribution de cette chaudière peut être semblable à celle des locomotives ordinaires, les tubes étant disposés horizontalement ou verticalement.

Telles sont les nouvelles inventions qui, sous le nom général de comburo-gaz, s'appliquent à la combustion des gaz et des vapeurs dans toutes les circonstances possibles du chauffage et de l'éclairage, que peuvent comporter les besoins des ménages, des habitations du commerce et des transports.

Et observez que la combustion est une véritable combinaison de génération, de pression, de mélange, de chaleur, etc., de sorte qu'en résumé, les nouveaux principes de ce nouvel appareil s'appliquent à tous les foyers d'opération de fluide.

RÉGULATEUR DE PRESSION.

Les milieux et les courants de fluides naturels ou artificiels, qui doivent alimenter le mouvement des êtres naturels ou des machines industrielles, ces fluides sont soumis à des variations de masse et de pression qui affectent le travail de chaque foyer organique; et la constitution, comme le service de la machine générale, exigent que ces variations de masse et de pression soient maintenues dans de certaines limites. Il est même des cas où la distance entre ces limites doit être annulée, c'est-à-dire où la masse et la pression du fluide opérateur doivent être maintenues toujours dans les mêmes conditions.

Une machine à pièces rigides, comme les machines d'aujourd'hui, ne peut que gagner à ce qu'il y ait permanence dans les états des masses et des pressions. Quant aux machines à éléments plus ou moins élastiques, il n'est pas mauvais qu'il y ait une petite oscillation dans des limites rapprochées, afin d'obtenir un système général de vibrations organiques qui ne saurait qu'être avantageux dans beaucoup de cas.

Quoi qu'il en soit, il est indispensable que toute machine à fluide, une fois que sa loi de consommation ou d'opération est établie, n'ait plus à se préoccuper, dans son travail, des variations accidentelles qui peuvent provenir dans le courant des fluides.

Ce nouveau principe n'a pas encore été appliqué, on pourrait même dire entrevu par les machines actuelles. Chez les plus délicates et les plus parfaites, c'est à peine si vous trouverez quelques vannes, tiroirs ou soupapes, qui agissent d'une manière saccadée et accidentelle pour arrêter certains excès de variation; et encore ces régulateurs imparfaits n'existent qu'en un point du circuit vaste et compliqué d'opération mécanique; or, le circuit général de fluide, vapeur par exemple, passe par une série entièrement variée de fourniture et de consommation.

Cette absence de régulateurs permanents pour la distribution générale des fluides est un défaut mécanique qui amène de graves inconvénients. Étudiez, par exemple, ce qui se passe pour la distribution du gaz entre des millions de foyers de consommation. Un bec ouvert pour éclairer avec une certaine masse à une certaine pression, est constamment agité par des variations de toute sorte qui proviennent d'une foule de causes étrangères et plus ou moins éloignées; ainsi, l'on verra tout à coup ce bec s'éteindre ou projeter des masses de gaz, de flamme et de fumée, ce qui amènera des inconvénients de toute sorte et même des dangers.

Pour rompre ces graves défauts, je pose ce nouveau principe général : Dans une machine à courant fluide, il y aura toujours, entre le foyer d'alimentation et le foyer d'opération ou de consommation, un régulateur automateur qui maintiendra le régime de masse et de pression fluide que l'on aura établi.

Pour fixer les idées sur les conditions pratiques de ce régulateur automateur appliqué aux fluides en général, je vais préciser l'application de ce système au gaz d'éclairage et de chauffage. Soit donc le régulo-gaz qui a pour but de conserver ou consommer les fluides à une pression constante, quelles que soient les irrégularités et surtout les brusques excès de pression, dans la masse de gaz fournie par le tuyau de conduite.

L'appareil est ainsi composé : au-dessus du tuyau d'arrivée du gaz est fixé un cylindre vertical ouvert à la partie supérieure, sauf quelques points d'arrêt ; le fond de ce cylindre porte un vide conique dont la base se relie avec le vide cylindrique du tuyau d'arrivée; dans l'axe vertical de ces vides se meut une tige rigide qui porte à son extrémité inférieure un cône à surface et à clôture élastiques, avec du caoutchouc vulcanisé, par exemple.

La partie supérieure de la tige est fixée à un piston qui se meut dans l'intérieur du cylindre, avec un cercle élastique en dessous pour empêcher le passage du gaz contre les parois. Ce piston, avec sa tige et son tampon conique, pèse un poids réglé en raison de sa section et en raison de la pression que l'on désire pour le fluide. Vers le fond du cylindre est adapté le tube pour le gaz de consommation qui sort du cylindre.

Quand le robinet du tuyau d'arrivée est ouvert, le gaz se précipite dans le cylindre du régulo-gaz et soulève le piston avec son équipage, jusqu'à ce que le gaz contenu dans le bas du cylindre ait la pression voulue pour s'écouler par le tuyau de consommation. Les oscillations du piston amènent toujours cette égalité de pression, quels que soient les irrégularités et les excès dans l'arrivée du gaz. Ainsi, dans le cas d'une quantité trop brusque et trop forte, le piston, poussé au sommet de sa course, fait que le tampon qu'il entraîne bouche hermétiquement le tuyau d'arrivée, jusqu'au moment où, une portion du gaz enfermé dans le régulo-gaz s'étant écoulée par le tuyau de consommation, le piston descend et fait que le tampon dégage l'ouverture d'arrivée. En ce qui concerne l'écoulement du fluide, il faut observer que, si l'ouverture de cet écoulement est établie au fond du cylindre, la pression sera, en réalité, variable en raison de la hauteur du piston dans le cylindre, la hauteur de cette colonne fluide s'ajoutant au poids du piston. Pour parer à ces différences, je propose d'établir l'ouverture d'écoulement à travers le piston lui-même en prenant un tube élastique pour se raccorder avec la conduite fixe. Alors la pression sera constamment celle du fluide sous le piston.

On peut modifier la construction de ces régulo-gaz en remplaçant le cylindre rigide et son piston par un vase qui comprend le fond, puis un couvercle à poids réglé, qui sont réunis par une enveloppe flexible et imperméable. A l'état de repos, le tout est aplati comme un soufflet. L'arrivée du gaz élève verticalement le couvercle, qui est dirigé par des coulisses verticales, et qui entraîne avec lui l'enveloppe, puis la tige et son piston.

Il est entendu que le régulo-gaz, au lieu d'agir verticalement, peut être disposé pour agir horizontalement, et que la tige, au lieu de porter un tampon conique, peut manœuvrer sur une surface plane ou courbe formant tiroir ou robinet. Ainsi, ayant un tube horizontal par lequel arrive le gaz, cloisonnez-le par deux plaques parallèles et présentant des ouvertures verticales. L'intervalle entre ces deux plaques communiquera avec un petit cylindre vertical où se mouvra le piston, dont la tige portera une palette glissant le long de l'ouverture pour l'arrivée du gaz. Autre système : Dans le tube, pratiquez deux ouvertures parallèles suivant des arcs de cercle et séparées par une cloison. L'ouverture d'arrivée est embrassée par un anneau plein, mais échancré au centre, qui tourne de manière à boucher une plus ou moins grande quantité de l'ouverture circulaire. Cet anneau porte une tige qui fait corps avec le couvercle ou piston d'une boîte à pourtour flexible et circulaire, dont le volume augmente ou diminue en raison de l'arrivée du gaz et en raison de sa consommation par l'autre ouverture du tube.

Ces régulo-gaz pour le chauffage et l'éclairage peuvent être établis pour des becs isolés, pour des faisceaux de becs comme des lustres, pour chaque étage, pour chaque maison ou usine, pour les conduits de chaque rue, de chaque quartier, etc.; enfin, on peut aussi les appliquer dans tous les systèmes de distribution, quels qu'ils soient, et notamment pour les moteurs mécaniques où l'on veut régler l'action des fluides : eau, mercure, vapeurs, gaz.... Ainsi, dans les machines à vapeur, on pourra avoir : régulateur pour l'arrivée de l'eau, régulateur pour l'arrivée de la vapeur à l'opérateur, etc.

On appliquera aussi ces régulo-gaz à la construction des grands appareils ou réservoirs de génération, de conservation et de distribution. Ainsi, soit une grande chaudière avec grand réservoir à vapeur. Vous adapterez en un ou plusieurs points des enveloppes des cylindres ou boîtes de régulateurs, dont les pistons, ayant un poids calculé en raison de la pression voulue, se mouvront dans des cylindres ou dans des guides à l'air libre. Ces pistons seront constamment agités, flottants en quelque sorte, en raison des moindres variations de pression de la vapeur; et, dans le cas des excès brusques de pression, ils s'éloigneront de manière à augmenter beaucoup la capacité du réservoir de vapeur. Par suite, les soupapes fusibles ou à contre-poids deviendront peu nécessaires. Des dispositions semblables peuvent être appliquées aux chambres de pression à eau.

En ce qui concerne les vastes gazomètres, supprimez l'eau et la lourde cloche avec les contre-poids et les colonnes, etc.; il suffira d'avoir rendu régulières et imperméables les parois du cylindre de la fosse, puis d'avoir un vaste couvercle avec pourtour élastique, qui descendra ou montera en ayant toujours le même poids. On peut aussi faire le gazomètre à enveloppe flexible, que l'on renforcera par des cercles métalliques placés de mètre en mètre, par exemple. Ce nouveau système sera établi sans fosse, à la surface du sol, avec des colonnes formant coulisse pour le couvercle. On peut aussi utiliser les fosses et les colonnes d'un gazomètre actuel pour établir un gazomètre à enveloppe d'une capacité double.

A ces systèmes généraux de régulateurs pour les masses et pour les pressions fluides, on appliquera le principe organique du morcellement de l'ensemble en un grand nombre de parties actives. Ainsi, cloisonnez en ovaires les tubes de conduite, pour forcer la régularité de régime dans les courants et empêcher les reflux; partagez aussi les ouvertures de distribution en petits ovaires, qui pourront être ouverts ou fermés facilement; enfin, l'intérieur de la boîte ou du cylindre, partagez-le en faisceaux partiels, qui concourront au même résultat d'ensemble, tout en permettant de régler et limiter comme on voudra ce résultat par la manœuvre d'un petit élément partiel et indépendant.

Ainsi, un grand gazomètre de forme rectangulaire, de 20 mètres de côté, par exemple, sera partagé par des cloisons en cent gazomètres de 2 mètres de côté, et chacun de ces gazomètres aura sa conduite spéciale pour communiquer à volonté avec la conduite générale.

DISTRIBUTION DES FLUIDES.

La distribution d'une masse fluide dans l'intérieur d'une autre masse fluide ou d'une machine pour établir un régime constant est une condition importante de la mécanique organique, d'autant plus qu'elle s'adresse principalement aux conditions hygiéniques des villes, des habitations et des grands locaux de réunions. Or, les règles de cette distribution sont généralement ignorées ou négligées d'une manière déplorable. Ne voyez-vous pas dans les lieux les plus recherchés, comme les théâtres de Paris, des milliers de spectateurs souffrir, pendant six heures, dans un air échauffé et infect, pendant que d'autres spectateurs souffrent dans les courants d'air glacé?

Le vice radical de tous ces systèmes de distribution de fluide que l'on emploie jusqu'à ce jour, c'est de concentrer cette distribution sur un petit nombre d'ouvertures et de foyers à dimensions énormes et qui sont isolés sur un ou deux points du volume immense sur lequel on veut opérer. Les nouveaux principes que je proclame suivant les lois de la mécanique organique sont les suivants : multipliez ces ouvertures en les faisant aussi petites que possible; répandez-les dans toute l'étendue du milieu à régénérer; accolez les ouvertures d'introduction avec les ouvertures d'expulsion; obtenez ainsi l'unité et l'équilibre de la masse nécessairement régénérée, tout en évitant les grands courants massifs et transversaux.

Ces nouveaux principes, vous les appliquerez à la distribution de toutes les masses fluides dans les grands espaces et dans les différents services : ainsi, pour la distribution des masses de liquide et de vapeur dans la mécanique, dans les habitations, dans les travaux agricoles et industriels, dans les transports. Je vais les indiquer plus spécialement pour les distributions de gaz d'éclairage et pour la ventilation des grands locaux de réunion.

En ce qui concerne le gaz d'éclairage, le principe généralement admis pour la distribution dans les boutiques, les appartements, les grandes salles de réunion, est d'établir un petit nombre de groupes de becs qui sont généralement isolés et suspendus sur certains points de l'espace à éclairer, où ils forment des faisceaux énormes de lumière et de chaleur, en produisant des torrents de gaz de combustion qui se répandent dans la masse fluide que l'on éclaire.

Je propose de rompre ces faisceaux, en brisant et répandant le plus possible la lumière, en une multitude de petits becs construits d'après les principes des comburo-gaz et qui seront distribués dans tout l'espace à éclairer; la lumière et la chaleur de ces becs seront distribuées par des réflecteurs en même temps que les gaz provenant de leur combustion seront immédiatement chassés de l'espace que l'on éclaire, sans même communiquer avec l'intérieur des espaces éclairés.

Pour mieux préciser ce nouveau système, je propose des baguettes lumineuses qui formeront des lignes continues et minces d'éclairage, que l'on établira généralement dans les angles des appartements, tant verticaux qu'horizontaux, le long des supports et encadrements, tant intérieurs qu'extérieurs, autour des ornements d'architecture, etc.

Ainsi, soit une baguette solide dont la surface extérieure sera ou plane, ou courbe, ou chargée de moulures, mais, en tout cas, brillante et striée pour réfléchir et briser la lumière. Cette surface, qui pourra être en métal, en verre, ou en bois, mastics, pierres, etc., recouverts d'une feuille métallique ou de peinture, portera en son milieu le tube à gaz et le système de tubes à air pur et à gaz de combustion qui seront établis conformément au système général de comburo-gaz.

Ainsi, prenez un long tube de verre dont la section est de forme ovale, par exemple, et partagez ce tube en deux parties par une cloison courbe qui porte une longue fente longitudinale. Dans une des parties de ce tube général, vous établissez un courant d'air, puis le tube à gaz ; ce tube porte, suivant la génératrice qui fait face à la fente, une ligne de petits trous ou de petits becs pour les jets de gaz. Les formes se trouvent naturellement combinées pour que l'air qui enveloppe le tube à gaz forme deux courants qui viennent de chaque côté concourir sur la ligne de jets de gaz et précipiter les produits de la combustion dans la fente, d'où ils se rendent dans la seconde partie du tube enveloppe ; de là, ils sont enlevés par un fort courant.

Or, ce tube enveloppe, généralement vous l'engagerez dans la baguette clôture dont j'ai parlé précédemment, de telle sorte que la partie qui contient le tube à gaz sera plus ou moins cachée derrière le plan de la clôture et qu'au contraire, la ligne de lumière, avec la partie en verre du tube qui sert de cheminée générale, sera en saillie sur la surface de cette clôture qui réfléchira la lumière.

On peut combiner une foule de formes et de positions diverses pour l'application de ces nouvelles baguettes lumineuses. Ainsi, d'un côté, on peut se borner à ceci : placer en face des becs du tube à gaz un simple tube avec fente longitudinale pour servir de cheminée, puis enfermer le tout dans un tube général et rempli d'air. D'un autre côté, on peut n'avoir qu'un tube plus ou moins étranglé par le milieu, dont la partie inférieure ou postérieure servira de conduit de gaz pendant que la partie supérieure ou antérieure servira de cheminée ; les jets de gaz seraient alors établis vers l'étranglement où se trouvent aussi, de chaque côté, de petits trous pour les prises de l'air.

En résumé, quelle que soit la variété des formes, le principe général des baguettes lumineuses est celui-ci : ligne de gaz partant directement du tube de conduite ; ligne d'air qui entoure les jets de gaz ; projection des produits dans un tube transparent, qui sert de cheminée ; application sur des surfaces de réflexion, qui augmentent l'éclat ; facilité de distribution en lignes horizontales, verticales, inclinées, brisées, courbes, sur les surfaces, dans les encoignures des appartements et suivant les encadrements.

En combinant l'emploi de ces lignes lumineuses appliquées contre les surfaces ou dans les encoignures, avec des lignes isolées et en trophées que vous poserez ou suspendrez au milieu de l'espace, puis, avec le comburo-gaz en faisceau pour lustre, dont il a été parlé précédemment, vous aurez tout le nouveau système de distribution organique pour l'éclairage au gaz, et ce système sera complet, régulier, sans excès de chaleur et sans mauvais produits dans l'appartement.

Soit maintenant le nouveau système de ventilation générale pour de grands espaces comme une salle de spectacle, par exemple. Voici comment on appliquera les nouveaux principes pour la distribution multiple de petits appareils de ventilation qui, partout, enlèveront d'eux-mêmes les fluides intérieurs pour leur substituer les fluides extérieurs. Ces applications reposent sur le nouvel appareil que j'appelle le *cambio-gaz.*

Le cambio-gaz est basé sur les mêmes principes que les coulicônes. Soit une cloison à deux faces qui sont en contact l'une avec les fluides impurs que l'on veut enlever, l'autre avec les fluides purs que l'on veut introduire du dehors. Sur la face extérieure, tracez quatre cercles tangents qui seront les bases de quatre cônes creux et droits dont le sommet, percé d'une ouverture, débouchera sur la face intérieure ; et sur cette face, entre les quatre ouvertures, tracez un cercle central qui servira de base à un cône creux et droit dont le sommet, percé d'une ouverture, débouchera sur la face extérieure.

Les quatre premiers cônes feront entrer le fluide pur de l'extérieur et le second cône fera sortir les fluides impurs et échauffés de l'intérieur ; et ces courants contraires s'aideront mutuellement, et les ouvertures d'écoulement pourront être prolongées par des tubes ou autres dispositions pour éviter que les mélanges aient lieu entre les veines fluides.

Ce cambio-gaz élémentaire, vous lui donnerez telles dimensions et telle énergie d'action que vous voudrez, en ayant soin toujours de cloisonner les grandes surfaces et les grands ovaires. Vous pourrez les distribuer isolément sur des points voulus ou les réunir en groupes et en baguettes de ventilation. Ces groupes et baguettes seront établis soit en faisceau dans l'intérieur des espaces à ventiler, soit en grillage dans les murs et cloisons, soit principalement dans les encoignures verticales, horizontales, etc., là où la circulation est difficile et où séjournent les fluides chauds et corrompus qui engendrent les myriades d'insectes.

Dans ces baguettes de ventilation ou de cambio-gaz, de simples règles à coulisse sur les ouvertures des ovaires peuvent régulariser comme on voudra le régime de la ventilation, et les ouvertures des ovaires d'une même ligne peuvent aboutir à un même tube longitudinal soit pour les fluides d'arrivée, soit pour les fluides d'expulsion ; et ces tubes peuvent être dirigés et réunis de manière à être parcourus par des courants intérieurs que l'on activera par tel effort physique ou mécanique que l'on voudra.

LA MÉCANIQUE ORGANIQUE.

CHAPITRE XIII.

Mesureurs des conditions de l'action mécanique.

MESUREUR GÉNÉRAL : LE TEMPS.

Les conditions diverses de l'action mécanique, qu'on la considère au point de vue des machines fixes ou mobiles, dépendent essentiellement de la masse, de la vitesse et de la direction des courants au même instant donné, et ces mesures peuvent se rapporter, soit au milieu variable dans lequel opère la machine, soit à la machine même qui agit dans ce milieu.

Chaque être naturel est appelé à vivre ou à fonctionner mécaniquement dans un fluide, le tout étant soumis à certaines limites de masse, de pression et de vitesse. Cette loi organique de la fonction mécanique des êtres animés de la nature, nous pouvons l'ignorer; mais elle n'en préside pas moins à l'existence de l'individu, qui, d'ailleurs, en conserve l'instinct.

Au point de vue de l'industrie, il ne nous est pas permis d'ignorer la loi organique de la fonction des machines que nous créons et que nous alimentons, sous peine de tomber dans des excès et des faiblesses, des dangers et des dépenses, qui seraient contraires à tous nos intérêts.

Je pose donc en principe que toute machine organique fera connaître et vérifier, à chaque instant, les quantités de vitesse, de masse et de direction que comporte l'action mécanique. Et ces quantités, la machine les inscrira d'elle-même, d'une manière exacte et stable; et ces registres de mouvement pourront être transportés et conservés où et comme on voudra.

De plus, je pose ce principe général que, pour toutes ces mesures, on emploiera le fluide même de la machine, opérant sur des appareils aussi simples que possible.

Pour première application de ce nouveau principe général des machines, je propose la création du mesureur de temps ou horloge mécanique, qui sera attaché d'une manière solidaire à la fonction de chaque machine.

Le principe de cette nouvelle horloge mécanique est essentiellement basé sur le fait de l'égalité de force mécanique que développe un jet de fluide à une pression toujours constante, par un orifice régulièrement déterminé et toujours le même. Et cette égalité de force mécanique, on l'emploiera à faire tourner un axe qui portera des aiguilles parcourant un cadran; ou bien cet axe sera combiné avec un autre axe pour déployer progressivement un rouleau de papier ou d'étoffe. Les degrés égaux du cadran ou les longueurs égales de l'étoffe seront parcourus dans des temps égaux, et la comparaison de ces temps avec les heures, minutes et secondes du temps vrai et universel donnera la véritable horloge mécanique.

Et cette horloge, étant fixée à la machine et étant alimentée par le fluide même de cette machine, marchera et s'arrêtera avec elle, indiquera donc d'une manière exacte le temps pendant lequel la machine a marché. Et ce temps se trouvera inscrit d'une manière fixe sur le cadran, ou bien sera indiqué par la longueur même de la bande d'étoffe déroulée.

Sur cette bande d'étoffe, à mesure qu'elle se déroule, vous pourrez faire marquer à chaque instant les quantités et les variations de masses, de vitesses, de direction et de position.

MESUREURS DE PRESSION.

La mesure des pressions fluides est obtenue d'une manière plus ou moins exacte par toutes ces sortes de manomètres à gaz, à liquides, à métal, etc., que la mécanique industrielle a employés jusqu'à ce jour. Or, je propose que, dans tous ces manomètres, l'aiguille qui parcourt le cadran, ou les pistons qui marquent le mouvement en ligne droite, aient une pinnule avec crayon pour tracer la marche des pressions à chaque instant.

Pour faciliter ces opérations de mesure, je propose, en outre, des systèmes de manomètres entièrement nouveaux et qui seront basés sur les nouvelles dispositions que voici :

1° *Manomètre à élastique.* — Dans un tube placez des séries de rondelles gommo-organiques et séparées entre elles par des rondelles métalliques ayant le quart de leur épaisseur environ. A la tête du tube, là où doit agir la pression fluide, est un disque plus fort auquel est fixée une tige centrale qui traverse le centre de toutes les rondelles évidées à cet effet. Cette tige traverse aussi le fond du tube pour sortir au dehors d'une quantité plus ou moins grande, réglée et calibrée en raison de la pression. Afin d'éviter l'influence des circonstances étrangères, ce tube à élastique sera enveloppé par un autre tube ou boîte, et l'intervalle entre les deux enveloppes sera garni de substances insensibles à ces influences.

Observez que l'extrémité de la tige indicatrice peut se mouvoir sur une règle graduée, ou bien être dentée ou articulée pour donner un mouvement d'aiguille sur un cadran. Observez aussi que le tube peut agir dans toutes les positions, verticale, horizontale, inclinée ; enfin, comprenez que le même manomètre élastique, facilement maniable et transportable, sans exiger grande précaution, s'applique à toutes les pressions de solides, de liquides, de gaz, de vapeurs, etc.

Ce système de manomètre élastique se prête à tous les degrés de pression que l'on puisse avoir à mesurer.

Ainsi, faites agir cette pression sur toute la surface du disque du manomètre ou sur le dixième seulement de cette surface, vous aurez des indications qui différeront de quantités décimales. D'un autre côté, employez des substances gommo-organiques plus ou moins durcies par leur composition ou par la cuisson, en rondelles plus ou moins épaisses et offrant sur leur pourtour plus ou moins de pleins; faites que les rondelles rigides donnent une somme de longueur plus ou moins grande par rapport à la longueur des rondelles élastiques, ou même que ces rondelles métalliques soient supprimées. Vous obtiendrez ainsi des instruments dont la délicatesse sera plus ou moins grande.

Et maintenant observez que vous pouvez transmettre et multiplier, d'une manière quelconque et dans une position quelconque, les indications de la tige. Il suffit, en effet, que l'extrémité de cette tige soit articulée avec des leviers plus ou moins coudés et à axe, qui opéreront la traction sur des tiges aussi longues qu'on le voudra, même de plusieurs kilomètres, et cette nouvelle propriété sera précieuse pour connaître la pression ou vitesse des courants à de grandes distances et à de grandes profondeurs.

Vous pouvez encore faire que la tige du manomètre soit dentée et engrène avec une roue dont l'axe porte une autre roue dix fois plus petite ou dix fois plus grande, laquelle engrène avec une ligne en crémaillère et placée dans une position variable par rapport à la tige du manomètre.

2° *Manomètre à flotteurs.* — Ce nouveau système consiste en ceci : Soit une caisse exactement remplie de liquide, mercure par exemple. Dans le haut se trouvent deux tubulures égales, dans lesquelles glissent des cylindres égaux, en bois, métal, verre, etc. A l'état de repos, les tranches inférieures de chacun de ces cylindres affleurent avec la couche supérieure du liquide, laquelle couche affleure elle-même avec le plan inférieur de la couverture de la boîte.

Cela posé, si, sur un des cylindres, vous opérez une pression, il s'enfonce, et force l'autre cylindre à s'élever d'une quantité juste égale à cet enfoncement. Alors, la pression exercée fait équilibre au poids du liquide soulevé, plus au poids égal de liquide déplacé par le premier cylindre.

Observez que vous pouvez faire agir la pression sur le dixième seulement de la tranche du cylindre à enfoncer. Observez encore que la tubulure du cylindre qui s'élève peut avoir un diamètre plus grand ou plus petit que celui du cylindre qui s'enfonce, et vous verrez alors que vous pourrez combiner dans toutes sortes de rapports les indications de la pression étudiée. Et les mouvements de la tige indicative pourront être transformés et transportés comme on voudra.

Et ces mouvements indicateurs, vous les ferez s'inscrire toujours d'eux-mêmes, au moyen d'une pinnule à crayon, sur la bande déroulée du temps.

MESUREURS DE MASSES ET VOLUMES.

Dans une foule de circonstances mécaniques et distributives, il est indispensable de connaître exactement la quantité de fluide dépensée. Or, cette quantité dépend essentiellement de la masse du fluide, qui est proportionnelle au volume et à la densité; puis de la vitesse d'écoulement, qui varie en raison de la pression.

Je pose ce nouveau principe que toute machine organique doit pouvoir mesurer et indiquer d'elle-même la quantité réelle du fluide dépensé; n'employer pour cela que la force donnée par le fluide lui-même, inscrire d'une manière indélébile toutes les circonstances de cette dépense; alors on pourra emmagasiner et vérifier, quand on voudra, les vraies conditions de la dépense.

Il n'est pas besoin d'insister sur l'immense avantage pratique de ce nouveau principe de registres indélébiles de consommation, surtout pour les compagnies à gaz de chauffage et d'éclairage; ces registres mobiles pourront être enlevés et changés sans toucher en rien à la construction et au service des appareils compteurs; signés par le consommateur ou la partie du service mécanique, ils seront transportés et déposés dans les bureaux et les archives.

Le principe d'application de ce nouveau principe pour les compteurs de fluides sera le suivant : Faire inscrire sur une bande de papier ou d'étoffe, qui se déroule d'une manière régulière au moyen d'une horloge spéciale ou dépendante du fluide, lequel sera reversé dans le réservoir commun de la fonction générale, les différentes conditions de la dépense fluide, avec les durées correspondantes de chacune d'elles.

Pour l'application de ces nouveaux principes, on peut admettre des cas divers : 1° le volume et la pression du fluide à évaluer varient arbitrairement; 2° le volume est fixe et la pression est variable; 3° la pression est fixe et le volume est variable.

Soit d'abord ce dernier cas, qui est le plus simple et qui doit être aussi le plus généralement adopté dans la mécanique organique. Établissez en avant des orifices de la dépense un régulateur de pression, conformément à ce qui a été dit précédemment; donnez à l'ouverture de dépense une forme douce, nette et bien étudiée; faites varier la longueur de cette ouverture au moyen d'un tiroir, en raison des besoins de la consommation. La pression étant constante, la quantité de fluide dépensée sera proportionnelle à la section de l'ouverture, et vous pourrez ainsi dresser une table de dépense correspondante aux diverses longueurs de cette ouverture, dont un côté seul, représenté par le rebord du tiroir, se déplacera.

Ces dispositions s'appliquent à des mouvements et à des ouvertures circulaires ou rectilignes. Ainsi, soit une ouverture étroite suivant une ligne horizontale : la bande de papier se mouvra au-dessous de cette ouverture, et l'extrémité du tiroir qui forme le côté mobile de l'ouverture portera une pinnule à crayon vertical qui laissera sa trace sur cette bande de papier. On aura donc ainsi l'inscription de la longueur exacte de l'ouverture par laquelle s'échappe le fluide à la pression constante pendant un temps donné. Donc, on a toutes les conditions exactes de la dépense.

Le registre, c'est-à-dire la bande d'étoffe pour l'inscription, se développera sur des petits rouleaux dans des conditions toujours égales. Ce mouvement peut être continu, et les marques n'auraient lieu que lorsque le tiroir serait ouvert pour la consommation. Tous les huit jours, par exemple, l'employé de la compagnie du gaz remonterait le mécanisme et remplacerait les rouleaux d'inscription, qui indiqueraient alors les heures de la journée avec les circonstances de la consommation.

Ou bien le déroulement de la bande peut être discontinu. Ainsi, il sera arrêté pendant que la consommation cesse, et sera continu pendant que cette consommation dure. Pour cela, il suffira que le tiroir porte un appendice qui arrêtera le mouvement du mécanisme d'horlogerie pendant tout le temps que ce tiroir sera clos; mais cet appendice dégagera le mécanisme d'horlogerie dès que le tiroir sera mis en mouvement pour commencer la consommation. Alors toute l'étendue de la bande d'inscription portera des indications de consommation.

Si l'on admet le cas d'une ouverture fixe pour l'écoulement du fluide, mais d'une pression variable pour ce fluide, il suffira de connaître la vitesse d'écoulement à la sortie de l'ouverture. A cet effet, devant le milieu de cette ouverture, placez un disque fixé à une tige mobile autour d'un axe, et qui se prolonge par un bout appuyé contre un manomètre qui portera une pinnule à crayon, pour inscrire sur la bande de papier divers degrés d'avancement qui correspondront aux divers degrés de vitesse d'écoulement.

Observez enfin que si, comme cela se passe actuellement pour le gaz d'éclairage, on laisse en même temps varier le volume et la pression du fluide, on inscrira au même instant, sur la même bande de papier, la ligne des variations pour les ouvertures du tiroir et la ligne des variations pour le disque des pressions. On aura donc les éléments d'estimation des dépenses.

Ce nouveau système de compteurs, qui est indépendant de la direction des ouvertures et bandes d'inscription, est quelque chose d'admirablement simple, exact et équitable. Il suffit d'une simple boîte contenant le mécanisme d'horlogerie ou mieux le jet fluide qui déroule la bande de papier, puis l'ouverture d'écoulement avec son tiroir. Dans le cas de la constance de pression, cette boîte portera un compartiment qui précédera l'ouverture, et dans lequel cette constance de pression s'établira. Observez qu'une boîte de petit volume pourra suffire pour les consommations les plus vastes de milliers de becs, à la place de ces énormes compteurs qu'on est obligé d'employer aujourd'hui.

En outre de ce système radicalement nouveau de compteurs ou métro-fluides, je propose des dispositions nouvelles pour les appliquer à des systèmes de compteurs plus ou moins analogues à ceux que l'on emploie aujourd'hui. Ces dispositions nouvelles, je les résume ainsi :

1° Dans la boîte du compteur, introduisez le régulateur à piston ou à robinet, qui fera que le gaz se présentera toujours avec la même pression à l'ouverture du tuyau de mesurage et de consommation. Alors la quantité de gaz consommée sera réellement proportionnelle au nombre de tours indiqués par le compteur, ce qui est loin d'avoir lieu aujourd'hui, à cause des variations de pression.

2° Pour indiquer le nombre des tours du compteur, remplacez le système des roues compliquées par le système extrêmement simple et exact que voici : L'axe du rouet fait mouvoir un tiroir ou un levier, lequel, à chaque tour, ouvre ou ferme une petite ouverture par laquelle passe un grain sphérique de plomb ou autre substance. Ces grains tombent d'un réservoir supérieur dans les cases graduées d'un réservoir inférieur, où on les compte facilement, et d'où on les sort pour les reverser dans le réservoir supérieur à certaines périodes de service.

3o Supprimez l'eau dans les compteurs à gaz. Dans un compteur, n'admettez que le fluide considéré, lequel agit par sa quantité de mouvement, sur des appareils imperméables et stables. Ainsi, faites passer le fluide à travers une vis d'Archimède, en tube ou en ailettes, ce fluide entrant et sortant par les tourillons qui s'ajustent avec les tubes d'arrière et de consommation ; ou bien faites que le gaz d'arrivée débouche, par une buse tangentielle, au milieu des aubes d'un rouet mobile, qui tournera, en vertu de l'impulsion reçue, et qui rejettera le gaz dans la chambre de consommation ; ou bien faites entrer le fluide par le centre d'une petite turbine, qui tournera en le rejetant par des conduits en courbe sur la circonférence.

Ces trois dispositions nouvelles peuvent être appliquées, ensemble ou séparément, à des compteurs plus ou moins analogues aux compteurs actuels pour les gaz ; et, je le répète, j'en étends l'emploi pour tous les fluides, gaz, vapeurs ou liquides, et pour les services de consommation et de mécanique. Il en est de même pour le système entièrement nouveau des compteurs à lignes d'inscription sur les rouleaux mobiles. Le principe organique du partage des grandes ouvertures en petites parties, actives et concordantes, étant employé le plus possible.

MESUREURS DE VITESSE ET DE DIRECTION.

Ce que je propose ici est d'une importance de premier ordre pour les progrès des sciences mécaniques et météorologiques et pour la navigation hydraulique et aérienne.

La nouvelle proposition que je formule est en effet celle-ci : enregistrer, à chaque instant, les vitesses et les directions d'un corps en mouvement dans une masse fluide, puis les vitesses et les directions des courants qui se rencontrent dans ces masses fluides de l'eau et de l'air, etc. ; faire cet enregistrement d'une manière fixe, nette, rigoureuse, instantanée et complète ; faire en sorte que l'on puisse se mettre à volonté sous les yeux, en chiffre et en plan, toutes les conditions de vitesse et de direction pour le mouvement général du navire et des courants à un instant donné.

Pour réaliser ces propositions nouvelles, soit un nouvel appareil que j'appelle le *viamètre*. C'est un instrument destiné à écrire à chaque instant les conditions de la vitesse et de la direction d'un corps mis en mouvement : d'un vaisseau sur l'Océan, d'un aéronave dans l'air, d'un courant fluide quelconque dans ses variations libres ou combinées, d'une machine, etc.

La base de l'appareil général est une bande de papier ou d'étoffe qui se déroule régulièrement par suite d'un mouvement d'horlogerie ou de fluide, et qui est partagée en bandes égales dont la largeur correspond à une certaine unité de temps, soit une minute, par exemple.

Cette bande d'étoffe se déroule sur une table disposée horizontalement; et c'est sur sa surface que des appareils indépendants tracent l'un la courbe des vitesses, l'autre la courbe des directions, l'autre la courbe des hauteurs.

L'appareil pour les vitesses comprend une ligne verticale, qui porte à son extrémité un disque légèrement concave et qui plonge dans l'eau au point que l'on désire. La surface antérieure de ce disque est perpendiculaire à la marche du navire; l'autre extrémité de la ligne, qui tourne autour d'un axe, agit sur un manomètre dont la tige horizontale est perpendiculaire au mouvement de la bande d'étoffe. Cette tige porte à son extrémité une pinnule pour un crayon libre, fin et solide, qui laisse sa trace sur la surface développée. On peut aussi descendre le manomètre dans l'eau et transmettre par une longue tige les mouvements qu'il indique.

On comprend que le courant d'eau, qui résulte de la vitesse, incline le disque ou pousse la plaque du manomètre : et ces mouvements entraînent aussi le mouvement de la tige horizontale dont le crayon indique le degré de poussée. Au moyen de la graduation connue du ressort, puis des formules mathématiques, on déduit la vitesse de marche qui correspond à un allongement indiqué.

On peut dresser un tableau de ces vitesses, ou mieux tracer d'avance, sur la bande de papier et dans le sens du mouvement, des lignes parallèles, dont le degré d'écartement correspondrait aux différents chiffres de vitesse.

Pour inscrire les directions, il suffit qu'une des pointes de la boussole porte une pinnule avec crayon qui fasse sa trace sur la même bande de papier, de manière à tracer la courbe des directions sur le bord opposé à celui de la courbe des vitesses, ou sur le même bord, en employant des crayons de couleurs différentes. De cette courbe, combinée avec le rayon et la position du centre de la boussole, on déduira la direction.

On aura donc sur la feuille de papier enroulée l'indication de la vitesse et de la direction correspondantes à chaque instant, et par suite le registre général et complet, mathématique en quelque sorte, de toute la marche du bâtiment.

Ce même appareil peut être appliqué à enregistrer la marche des convois de chemins de fer, surtout au point de vue de la vitesse. Alors le disque sur lequel agit le courant du fluide serait dans l'air, convenablement disposé.

Pour les vaisseaux, on pourrait aussi employer cet appareil avec disques dans l'air ; le même appareil peut être aussi appliqué à la marche des aérostats ou autres appareils dans l'atmosphère.

En résumé, pour remplir une des conditions essentielles que réclame la mécanique industrielle, je propose un nouvel appareil que j'appelle *viamètre*, et qui a pour but d'enregistrer à chaque instant la vitesse et la direction, soit ensemble, soit séparément, de tout corps en mouvement, et notamment des voitures, des navires, dans l'eau et dans l'air, des convois de chemins de fer.

Remarquez que le service de ces viamètres est réciproque, ce qui est d'une grande importance : c'est-à-dire que, tout en donnant la vitesse et la direction d'un corps qui se meut dans un milieu en équilibre, comme l'eau ou l'air, il peut aussi donner la vitesse et la direction d'un courant fluide. Il suffit, en effet, de faire plonger le disque au milieu même de ce courant : on récolte ainsi la vitesse.

Quant à la direction, on l'aura en forçant le disque à tourner de lui-même pour se mettre toujours dans la direction perpendiculaire à la direction du courant. A cet effet, le disque portera en arrière de sa surface, dans le plan médian et vertical, une plaque mince, étendue et solide, qui servira de gouvernail. Cette plaque se placera naturellement dans le sens du courant, en forçant la surface du disque à se présenter perpendiculairement au même courant.

Alors la tige, ainsi que le système mécanique et traceur de la bande d'étoffe, seront mobiles pour tourner facilement suivant les changements de direction du courant. On peut ainsi enregistrer les variations de vitesse des courants les plus brusques et aussi les variations de direction, puisque la boussole gardera sa direction fixe et tracera la direction en raison des angles de mouvement de la bande d'étoffe.

Pour généraliser, soit le cas de la marche d'un navire qui voudrait mesurer la vitesse et la direction des courants sous-marins et atmosphériques, l'appareil fonctionnera de manière à pouvoir donner : 1° la vitesse du navire; 2° la direction de sa marche ; 3° la vitesse d'un courant d'eau et sa direction ; 4° la vitesse des courants d'air et leur direction. Avec ces six indications, la connaissance sera complète de toutes les conditions de mouvement du navire et des courants fluides ; et ces indications, vous pourrez les récolter par un seul appareil qui contiendrait plusieurs boussoles et plusieurs disques ayant chacun son crayon de couleur spéciale sur la même bande d'étoffe réglée.

La marche de la navigation générale peut exiger encore que l'on puisse connaître la hauteur du soleil et des autres astres, pour en déduire les positions de latitude et autres. A cet effet, on emploiera un nouvel instrument qui consiste en ceci. Soit une table parfaitement horizontale. Au milieu est pratiquée une cavité de forme sphérique ou conique. Du centre de cette cavité s'élève une tige fixe dont le sommet affleure la surface de la table.

Le soleil projettera l'ombre de la tige sur l'intérieur de la calotte conique ; la position et la longueur de cette ombre donneront la direction et la hauteur du soleil ; et ces résultats seront indiqués sur des cercles concentriques qui seront tracés à l'avance sur les calottes. Observez qu'en tapissant l'intérieur de cette calotte de substance sensible à l'action de la lumière, on pourra obtenir la trace sur la calotte de la courbe que dessinera l'ombre extrême de la tige, d'où on déduira les hauteurs du soleil pour tous les instants de la journée. Et cette courbe sera prise en considération, en même temps que les autres courbes dont il a été parlé précédemment.

Je n'ai pas besoin d'insister sur l'immense utilité dont ces nouveaux principes et ces nouveaux appareils seront pour la science et pour la pratique de la mécanique naturelle et industrielle, de la météorologie atmosphérique et maritime, de la circulation générale sur terre, dans l'eau et dans l'air. Un navire maritime ou aérien aura ainsi les registres complets, immédiats, rigoureusement justes, établis minute par minute, de toutes les conditions de son mouvement général ; ces registres démontreront à l'œil les faits partiels et les ensembles, les rapports généraux entre les diverses conditions du mouvement, à chaque instant de la course ou de l'opération.

LA MÉCANIQUE ORGANIQUE.

CHAPITRE XIV.

Mécanique à fluides impondérables.

EXPOSÉ GÉNÉRAL.

Les fluides impondérables représentent ces agents impalpables que l'on retrouve, à chaque instant et partout, comme la cause déterminante des efforts mécaniques, dans la nature et dans l'industrie.

Le lieu n'est pas ici de dire en quoi consistent la nature et les fonctions de ces agents ; les sciences physiques sont dans d'étranges erreurs à cet égard. Je me contenterai de dire ici que tous ces agents fluides, quels qu'ils soient, sont des êtres organisés, dont l'ensemble et les fonctions font partie du règne naturel, que j'appelle règne organique des fluides.

Cette proposition, radicalement nouvelle, étonnera tous les savants, et bouleversera complétement leurs notions antérieures; n'importe, ils reconnaîtront, tôt ou tard, la vérité de la révolution que j'apporte. De même qu'ils finiront par reconnaître la vérité de cette autre proposition radicalement nouvelle : la gravitation est un fluide.

Si on voulait considérer tous les fluides qui font partie du règne organique et déterminer l'action mécanique que chacun d'eux peut développer par son application directe, on arriverait à une immensité d'études qui toucheraient à toutes les opérations, les plus vastes comme les plus délicates, de la nature, de l'industrie, de la physique, de la chimie, etc.

Ayant principalement en vue, dans cet ouvrage, les grands faits de la mécanique rationnelle et industrielle, je dois laisser de côté toutes les conditions presque infinies de l'action des fluides dans des multitudes d'opérations restreintes ; et, d'un autre côté, je dois élaguer les fluides d'ordre secondaire ou dépendant, pour ne tenir compte que de l'action directe des trois fluides principaux.

Ainsi, je laisserai de côté le fluide lumineux, le fluide magnétique,.... pour ne m'occuper que de ces trois fluides principaux : la gravité, la chaleur, l'électricité ou plutôt l'électro-magnétisme.

L'application directe de ces trois fluides principaux joue un rôle mécanique immense dans tous les règnes de la nature. C'est la force de ces fluides qui dispose, disloque, ébranle et transporte les masses les plus gigantesques comme les atomes les plus réduits ; c'est elle aussi qui amène la série continue des mouvements organiques de tous les êtres, depuis le plus grand soleil des cieux jusqu'au germe minéral qui couve dans la roche la plus profonde.

L'application directe de ces trois fluides doit donc produire aussi de grands résultats pour la mécanique industrielle. Or, chose remarquable, cette application est, jusqu'à présent, réduite à un rôle si secondaire, que l'on peut la considérer comme négligée, presque comme ignorée.

MACHINES A GRAVITÉ.

La gravitation, cette force que vous proclamez universelle, mais que vous considérez comme un être abstrait, mathématique, qui n'opère que sur des masses et sur des distances, c'est pour moi un fluide organique qui préside à la fonction la plus importante de la vie de tous les êtres. Ainsi, à ne considérer que la terre et les êtres qui sont à sa surface, la gravité est la respiration de la terre, en même temps qu'elle est la liaison permanente de tous les êtres terrestres à son propre sein.

L'action directe et spéciale de la gravité, dans la constitution et dans la fonction de la terre proprement dite et de tous les êtres qui en dépendent, est capitale et n'a pas été encore appréciée. Or, ces études doivent amener de nouvelles choses dans toutes les sciences naturelles, depuis la géologie jusqu'à la zoologie.

Mais ici n'est pas le lieu de développer ces grandes questions nouvelles ; considérons seulement la gravité au point de vue de l'action pesante, en raison des masses. Cette action étant continue, il semblerait, au premier abord, que l'industrie dispose d'un réservoir infini de force où elle peut puiser à tout instant et partout. Or, elle n'en fait à peu près rien, sauf quelques cas assez grossiers chez les peuples primitifs. Cela tient à certaines routines, puis à l'ignorance de certaines lois mécaniques.

Les nouveaux principes que je propose, pour toutes les machines à application directe de la gravité, ont pour but de parvenir à récolter utilement le travail moteur.

A cet effet : 1° Faites varier les vitesses pour la même masse. Ainsi, remontez lentement un poids, qui retombe rapidement, et dont on récolte la force vive. 2° Faites varier les poids pour la même vitesse. Ainsi, ayant une courbe de vitesse, faites-la parcourir, dans un sens, par une lourde masse, comme une caisse chargée, et dans le sens contraire par la caisse vide.

Les appareils d'application pratique, pour l'action directe de la gravité, sont le rail, le pendule, la chute, le levier.

Les rails inclinés, sur lesquels des wagons roulent par l'action de la pesanteur, sont suffisamment connus. Ce que je proposerai de nouveau, comme application générale, c'est le système de corde, ou mieux de fil de fer, sur lequel roule une poulie dont la chape porte suspendu le fardeau à traverser.

Cet élément mécanique de transport a été employé par moi, depuis près de dix ans, dans les plus grandes montagnes des Alpes ; soit pour descendre des minerais sur de grandes longueurs; soit pour traverser de larges rivières, comme la Sesia en Piémont, au moyen d'un seul fil de de 550 mètres de longueur.

Cette corde de transport, vous pouvez la tendre au moyen d'amarres, ou mieux la laisser pendre par courbe naturelle. Observez que vous pouvez même l'employer en terrain horizontal, en fixant les extrémités de cette corde aux extrémités de deux grands leviers tournant autour d'un axe, et qui manœuvrent de telle sorte que l'un baisse quand l'autre lève ; ces leviers peuvent être de formes rectilignes, ou courbes comme des rouets, manœuvrant dans le sens parallèle ou perpendiculaire au plan du rail, agissant par déclic ou par contrepoids, ce dernier étant spécial ou provenant du balancement du poids même du fil.

La pente générale de marche pour les courbes naturelles doit être de $1/20$ environ et de $1/40$ pour les courbes de tension. Avec la faculté de créer les pentes à volonté, vous pouvez établir, avec un seul fil, le transport alternatif.

Dans ce mode, on ne considère qu'un seul fil et une seule poulie. C'est ce qu'il y a de plus simple, et je crois de meilleur ; mais on peut employer deux poulies sur un même fil, ou même deux fils solidaires avec un train de deux poulies.

Ce système général de transport mécanique, par les fils ou cordes, peut être d'une application générale pour tous les services de transports dans l'agriculture, les mines, les industries, les routes, les passages de rivières, de précipices, les démolitions et constructions, etc.

Ce système s'applique en lignes aussi longues que l'on voudra sur la pente des montagnes et aussi en terrain horizontal. Mais généralement, au lieu d'avoir une seule ligne, vous aurez une série de petites courbes de 150 à 400 mètres supportées par des poteaux de station. C'est l'application du principe général de la mécanique organique. Ces poteaux, ou bien sont fixes et portent des crochets recourbés qui embrassent le fil par des mâchoires effilées sur les côtés pour le passage de la poulie ; ou bien ces poteaux sont mobiles, c'est-à-dire tournent autour d'axes fixes.

Pour le cas de la gravité agissant sur des rails, vous pouvez aussi employer des rails rigides et fixes ; mais au lieu d'avoir des lignes droites et continues, qui sont dangereuses à cause des accroissements de vitesse, vous adopterez des courbures verticales de 200 à 400 mètres de corde, qui seront tangentes à la pente générale. Ces courbures seront surmontées, et le vagon marchera d'une manière continue avec une vitesse qui se limite elle-même.

Enfin, je proposerai encore le nouveau principe d'établir entre les deux rails un auget longitudinal dans lequel roule une chaîne organique de contre-poids mobiles, qui équilibrent le poids du train.

Comme application supérieure du même principe, vous pouvez avoir entre les rails un tube de liquide en communication avec un réservoir supérieur : le poids de la colonne d'eau poussera ou retiendra le train, de manière que l'on pourra régulariser mathématiquement la vitesse d'un convoi sur les plus grandes pentes dans un sens ou dans l'autre.

Voyons maintenant les machines à gravité agissant par pendule. Suspendez par une tige ou par une corde de 30 mètres, par exemple, une masse de 100 kilog., et laissez tomber ce pendule d'une hauteur de 10 mètres, ce qui lui permettra de parcourir un arc dont la corde sera de 45 mètres environ. Vous aurez soit un travail moteur de 1,000 degrés dans le sens vertical, soit un travail moteur de 4,500 degrés dans le sens horizontal.

Utilisez les travaux que fournit si facilement le pendule de deux manières : pour transport ou pour choc.

Pour transport et échange continus à chaque oscillation du pendule, faites que la masse placée à l'extrémité soit une caisse qui s'ouvre au point de départ pour recevoir un chargement et qui se vide à l'extrémité de l'oscillation pour rendre ce chargement. La caisse vide reviendra par le retour du pendule se charger au point de départ, et ainsi de suite. Vous pouvez ainsi transporter toute espèce de solide ou de liquide, établir même des épuisements continus.

La caisse porterait des portes-soupapes qui s'ouvrent et se ferment à chaque extrémité de la course, en frappant des obstacles ou des déclics.

Pour utiliser comme choc le travail du pendule, observez que sa masse, en arrivant au point le plus bas, a une force vive considérable. Faites que cette masse soit mobile, par exemple une caisse remplie de substances vidables : parvenue au point le plus bas, cette caisse quitte l'anneau du pendule qui la retenait, frappe et se vide. Le pendule continue l'oscillation complète, puis il revient de lui-même au point de départ, en reprenant au point le plus bas la caisse vide de la masse pleine qu'il avait lâchée en venant.

On peut ainsi ou bien transporter des matières d'une certaine hauteur au point le plus bas de la course d'un pendule, ou bien élever des matières a une certaine hauteur déterminée par l'élévation naturelle de la course de ce pendule, ou bien employer ce pendule comme marteau.

Dans ce dernier emploi, le nouveau principe de la variation dans la masse changeante, qui est lourde pour frapper et légère pour revenir au point de départ, s'applique aussi à tous les genres de marteaux mécaniques, marteau frontal des forges, etc., et il en résultera une grande économie de travail.

Ce nouveau principe peut être développé d'une manière nouvelle et extrêmement avantageuse, en composant la tête du marteau ou du pendule d'une boîte remplie d'eau qui communique par un tube flexible avec un réservoir supérieur. Un robinet est placé près de cette boîte. Il s'ouvre et se ferme au moyen de déclics placés aux deux extrémités de la course utile du marteau. Quand il faut frapper, le robinet de communication est ouvert, et alors le marteau frappe avec une force vive mesurée par sa vitesse, puis par son poids propre et par le poids de la colonne d'eau qui irait du marteau au niveau du réservoir. Quand on doit lever le marteau, au contraire, le robinet est fermé, et on n'a plus à lever que le poids propre de ce marteau.

Les machines à gravité agissant par le choc direct sont basées sur le principe d'application que voici :

Laissez tomber une masse d'une certaine hauteur H; partant du repos, elle aura consommé un travail PH qui sera égal au travail développé pour l'élever. Mais, en arrivant au bas de sa chute, cette masse possédait une force vive MV^2. Récoltez-la par des chocs sur des leviers, des ressorts, des liquides, et vous aurez ainsi une force motrice que vous appliquerez comme vous voudrez à la mécanique.

Ayez toujours soin de disposer les choses pour que la vitesse d'ascension soit la plus petite possible, pendant que la vitesse de chute sera au contraire la plus grande possible.

Vos masses peuvent être des poids suspendus à des cordes, ou des pistons communiquant par des tubes avec des réservoirs supérieurs, comme il vient d'être indiqué pour le marteau.

Passons maintenant aux machines à gravité agissant par levier.

L'application se fait ainsi : Soit un poids à l'extrémité d'un grand levier qui tourne autour d'un axe ; ce levier se prolonge suivant un petit bras qui porte un rouet ou roulette à surface lisse. Ce rouet s'appuie tangentiellement soit contre une autre roue mobile, soit contre un plan. Si à l'extrémité du grand levier qui est dix fois plus grand que le petit, on met un poids, la roulette du petit levier pressera avec une force dix fois plus grande contre le plan ou la roue ; et, en entretenant une petite vibration dans le système, on aura le mouvement de la roulette transmettant un grand effort.

Au lieu d'un poids suspendu à l'extrémité du levier, mettez une boîte à eau qui communique par un tube avec un réservoir supérieur ; une agitation dans ce réservoir excitera le mouvement.

Ces machines à force de gravité, agissant par rail, pendule, choc ou levier, sont simples, radicalement économiques, et peuvent être combinées d'une foule de manière pour tous les usages. Seulement, ne leur demandez pas plus qu'elles ne peuvent donner. La gravité est un immense réservoir en équilibre d'attraction ; vous ne pouvez lui demander de mouvement continu dans le sens de cette attraction qu'en luttant pour remonter cette force dans un certain sens. Cela vous serait impossible en luttant de front, tournez l'obstacle. En tout cas, il vous faut toujours une force plus ou moins vibrante pour éveiller l'action de cette gravité, en même temps qu'il faut inventer les artifices pour compenser la différence de vitesse avec la même masse, ou la différence des masses avec la même vitesse.

MACHINE À CALORIQUE ALTERNATIF.

Ce nouveau système de machine est basé sur l'emploi exclusif du calorique comme agent de mouvement, amenant la dilatation dans tous les corps, soit les solides, les liquides, les vapeurs, les gaz.

Chose remarquable, la mécanique théorique, pas plus que la mécanique industrielle, n'a entrevu l'immense importance de cette action dilatante du calorique pour amener le mouvement dans tous les êtres organiques de la nature. C'est vraiment la force vive, active et vibrante de tous les organismes, celle dont la présence et la puissance éveillent et excitent toutes les fonctions.

La loi organique de la dilatation a été complétement ignorée jusqu'à présent, parce qu'on ne l'a cherchée que dans les règles arides et bornées de la mathématique, de la physique et de la chimie. Cependant cette loi devient simple, complète et évidente, en partant du principe universel que j'ai trouvé et démontré, que la molécule universelle est un germe organique représenté par l'ovaire; et cet ovaire atome, j'en ai posé les lois universelles.

Soit, par exemple, une tige végétale composée d'une juxta-position de germes organiques. L'apparition du calorique pénétrant dans ces cellules ou ovaires amène l'excitation du centre organique de chaque ovaire et par suite la dilatation du germe. Cette dilatation se trouve arrêtée d'une manière relative dans le bas, par la résistance du sol; pendant qu'elle se développe librement par le haut, dans l'air, beaucoup moins résistant. La somme de ces actions moléculaires est un grossissement de la tige très-faible, puisqu'il ne provient que du travail isolé de chaque ovaire; mais un allongement considérable de la tige, parce qu'il provient de la somme des allongements produits dans chaque ovaire.

C'est là la loi universelle de la croissance et du développement de tous les êtres organiques, quelle que soit la substance considérée: solide, liquide ou gaz. Et remarquez de plus cette loi admirablement combinée de la nature: c'est que la chaleur n'agit jamais d'une manière continue, mais bien par l'alternative du chaud et du froid. De là résulte que la faculté vitale des germes n'est pas excitée à outrance, ce qui amènerait leur épuisement ou leur éclatement; mais cette faculté vitale revient sur elle-même dans une certaine limite et se repose, se consolide dans le nouvel accroissement, pour partir de là et se dilater de nouveau quand la chaleur reviendra. Ainsi dans la nature les accroissements organiques ne sont pas le produit d'une application continue de la chaleur, mais bien le résultat d'une action alternative de cette chaleur.

Eh bien! la mécanique industrielle, à chaleur directe quelle qu'en soit la source, doit être basée sur le même principe. L'application de cette chaleur pour amener la dilatation, l'expulsion des matières, la décomposition, la cuisson, etc., ne saurait être continue; elle doit être alternative dans des limites de temps et d'énergie plus ou moins étendues.

Dans cet ouvrage, je ne dois m'occuper que de la puissance mécanique que développe l'application directe de la chaleur à tous les corps. Il résulte de là les trois systèmes de machines caloriques à solides, à liquides et à gaz ou vapeur :

1° *Machines à dilatation de solides.* — Le principe de ces machines entièrement nouvelles consiste dans l'allongement et dans le retrait que l'application intermittente de la chaleur et du froid amène pour une longue ligne métallique. Voici la machine élémentaire.

Soit un fil de cuivre de quelques millimètres de diamètre et d'une centaine de mètres de longueur. Il est enroulé de manière à former un cylindre creux de 50 centimètres de diamètre, par exemple. Une de ses extrémités est fixée contre un obstacle rigide, l'autre extrémité est fixée à un levier mobile. Soumettez l'ensemble du fil à un courant de chaleur de 350 degrés centigrades, le fil s'allonge par son extrémité libre de 55 centimètres environ. Supprimez le courant de chaleur et faites arriver l'air froid, l'extrémité libre du fil reviendra avec une force égale à son point de départ.

Vous aurez ainsi un mouvement de va-et-vient égal et très-énergique dans les deux sens; ce mouvement sera transformé et appliqué comme l'on voudra, que l'extrémité libre du fil soit assujettie à se développer en ligne droite ou en ligne courbe, suivant la circonférence du cylindre.

Les dispositions générales et les différentes parties de cette machine élémentaire varieront suivant les circonstances. Ainsi, au lieu de cuivre on peut employer d'autres métaux, tels que argent, fer, zinc, et pour les températures peu élevées, le plomb, l'étain, etc.

Le fil métallique peut varier en longueur et en diamètre en raison de la force que l'on veut et du courant de chaleur dont on dispose. Au lieu d'employer un fil massif, on peut employer un tube creux dont l'enveloppe soit pleine ou à grillage, comme une toile métallique; on peut aussi employer des petites bandes plus ou moins plates; enfin, au lieu d'un fil d'un gros diamètre, on peut employer dix à douze fils plus minces, qui formeront un faisceau avec des passages plus ou moins grands entre eux.

La disposition générale de ces fils, c'est-à-dire les conditions de leur enroulement ou de leur groupement en faisceau, ainsi que du mode d'action de leur extrémité libre, peuvent varier beaucoup. Ainsi, on peut avoir un faisceau de fils droits ou de fils contournés en hélices, ou des couches superposées de spirales; toutes les extrémités de ces éléments semblables sont fixées à un plateau ou à un levier mobile.

Généralement, voici la disposition qui paraît la meilleure : plusieurs centaines de mètres du même fil sont séparées en parties indépendantes de manière à former des cylindres de même hauteur, mais de diamètres différents. Ces cylindres sont disposés concentriquement autour du même axe vertical; l'extrémité inférieure de tous ces fils est fixée d'une manière invariable à la même plaque horizontale du fond, suivant le même rayon général. Toutes les extrémités supérieures, qui doivent varier de longueur de dilatation, sont fixées au même levier métallique, qui peut se mouvoir horizontalement autour de l'axe général de tout le système des cylindres.

Il faut observer que tous ces cylindres étant semblables, composés du même fil et portés à la même température, les allongements de leur extrémité libre donneront des arcs proportionnels qui concourront tous, comme un faisceau, à faire mouvoir avec régularité et avec force le même levier angulaire du balancier. L'extrémité de ce levier recevra l'articulation nécessaire pour la transmission de mouvement que l'on voudra, soit une bielle, par exemple.

Il va sans dire que tout cet ensemble est fortement maintenu dans les positions voulues par des guides en métal ou en pierres naturelles ou artificielles. Ainsi, les séries des fils des cylindres sont maintenues par des feuilles de cuivre formant six à huit écrans verticaux, dirigés suivant les méridiens, et qui sont percés de petits trous dans chacun desquels passe un fil de cylindre, de manière à obtenir les écartements voulus.

Tout l'ensemble est entouré d'une enveloppe cylindrique généralement en fonte de fer avec des pattes à vis pour être fixé au massif de bâtis, et avec des rayons intérieurs pour bien maintenir le gros axe central. Dans le plan supérieur, cette enveloppe présente une surface de support lisse, pour le mouvement du balancier; ce dernier sera fixé à l'axe du cylindre autour duquel il doit tourner, et son extrémité libre sera maintenue ou guidée par des échancrures dans la circonférence du cylindre.

Les extrémités inférieures et supérieures de chaque fil doivent être maintenues exactement et d'une manière invariable dans une direction d'arcs de cercle. Obtenez cette condition en logeant les extrémités inférieures dans un canal circulaire et pratiqué dans le talon invariable. D'un autre côté, forcez les extrémités supérieures à rester logées dans des canaux ouvert par le haut, qui sont pratiqués dans le plan de glissement, ces canaux étant recouverts par le plan inférieur du balancier; ou bien pratiquez ces canaux ouverts par le bas dans ce plan du balancier, alors les canaux sont bouchés par le plan supérieur du plateau.

Le courant de chaleur peut être produit par un combustible quelconque, avec ou sans flamme. Il y a la conduite de chaleur et la conduite d'air froid ; elles débouchent dans le même ajustage de projection, au centre et en dessous des cylindres ; un tiroir établit alternativement l'action de l'une ou l'autre de ces conduites. Dans le haut de l'appareil on assure un fort tirage au moyen de tubes cloisonnés en cônes.

Ce qu'il y a de mieux, c'est d'employer pour combustible le gaz ou les vapeurs. On a alors un tuyau général qui se partage en plusieurs branches dont les becs, droits ou circulaires, sont au centre des conduites d'air. Un simple tour de robinet, manœuvré par la machine, amène l'alternance du chaud et du froid.

Il va sans dire qu'il y aura avantage à combiner deux appareils semblables pour obtenir la régularité du mouvement ; et, dans ce cas, la même conduite générale de chaleur et de froid alternera pour les deux cylindres.

Ces machines caloriques à solides sont simples, peu volumineuses, peu dispendieuses à établir et à entretenir, sans danger, dépensant très-peu de combustible, susceptibles d'une grande force, pouvant être employées partout pour les travaux et les transports.

2° *Machines caloriques à liquides.* — Passons maintenant au nouveau système de machines motrices basé sur la dilatation et la contraction des liquides, sous l'action intermittente d'un courant de chaleur et de froid.

Soit un cylindre vertical en feuilles de cuivre, 0.75 de diamètre et 1.50 de hauteur, par exemple. Ce cylindre est rempli d'alcool ; son fond supérieur est terminé par un fort cylindre ou tube, dont le diamètre est le cinquième environ de celui du cylindre général. Dans ce tube supérieur, immédiatement en contact avec la surface supérieure du liquide, est le piston fermant hermétiquement et dont la tige porte les pièces de mouvement. L'intérieur du grand cylindre est traversé par un faisceau de petits tubes en cuivre, dans lesquels doit passer le courant de chaleur ou d'air froid.

Le cylindre général est enveloppé par un autre cylindre, qui forme comme une cheminée générale, en laissant en dessous, sur le pourtour et en dessus du cylindre, un espace libre pour la circulation des gaz. Le tube du piston se dégage au-dessus du centre de cette chemise.

Les conduits de chaleur, soit air, flamme ou vapeur, débouchent par le bas et au centre dans le cylindre de cuivre ; il en est de même de l'air froid quand on doit l'employer.

Les courants, après avoir agi, se rendent dans l'espace supérieur ;

de là, ils sont poussés dans le tuyau de sortie, et au besoin le tirage y est activé. Un registre, tiroir ou robinet, manœuvré par la machine, permet d'établir alternativement la communication du cylindre soit avec le conduit d'air froid qui se remplit par une large ouverture à l'air libre, soit avec le foyer de chaleur.

Ce foyer de combustion peut être alimenté par la houille, le coke, le bois, etc. Mais ce qu'il y aura de plus avantageux sera d'employer les gaz ou les vapeurs combustibles, les partageant en plusieurs becs, comme dans les machines précédentes.

Il est évident que dans ce système de machines on peut employer tout autre liquide que l'alcool, soit l'eau, par exemple, dont la dilatation n'est que les 2/5 de celle de l'alcool. On peut employer aussi d'autres métaux que le cuivre.

Au lieu de faire passer les courants de chaleur ou de froid dans les tubes, on peut au contraire avoir ces derniers remplis du liquide et faire passer les courants dans les intervalles qui existent entre ces tubes. Enfin, au lieu d'avoir des faisceaux de tubes verticaux, on peut donner à ces tubes telle disposition que l'on voudra; celle d'hélices, par exemple, pour utiliser le plus possible toute la chaleur et tout le froid des courants.

Ces machines motrices peuvent être employées dans toutes les conditions du travail mécanique et des transports. Elles peuvent revêtir toutes les formes et toutes les dimensions; généralement, on aura un petit réservoir de liquide pour alimenter au moyen d'un robinet les pertes qui pourraient se faire dans l'intérieur. Enfin, pour obtenir la régularité et la continuité du mouvement, on pourra employer et combiner deux cylindres d'action.

3° *Machines caloriques à gaz ou à vapeur.* — Ce nouveau système de machines repose sur l'emploi de la force développée par l'application directe de la chaleur aux fluides élastiques, tels que gaz et surtout vapeurs.

Soit un cylindre avec piston, dont la tige est en rapport avec l'arbre de mouvement; ce cylindre, que j'appelle de tension, porte dans le bas, et généralement au centre du fond, un tuyau toujours ouvert. Ce tuyau cloisonné est un faisceau, plus ou moins combiné dans sa forme générale, soit de petits tuyaux placés à intervalle et dans lesquels circule de la vapeur d'eau ou autre source de chaleur, soit de toiles métalliques.

Ce faisceau, dit *appareil d'échauffement*, aboutit au fond d'un autre cylindre dit de *dépôt*, avec piston articulé sur le même arbre de mouvement. Les dimensions intérieures de ce cylindre de dépôt sont les mêmes que celles du cylindre de tension. L'appareil d'échauffement est donc intermédiaire et intermittent entre les deux cylindres. La chaleur n'agit que sur la partie des tuyaux de vapeur qui font corps avec le cylindre de tension et aussi sur les parois de toute la partie inférieure du cylindre de tension. Toute relation est au contraire rigoureusement empêchée entre cette chaleur et l'ensemble du cylindre de dépôt qui reste à l'air libre.

Le foyer de chaleur a une surface très-réduite, et son action s'exerce par un tirage énergique et concentré qu'il est facile de régler, détruire ou activer par un mouvement mécanique de robinet, de tiroir ou plaque. Ces résultats seront surtout faciles à obtenir, quand on emploiera des gaz pour combustibles. Le gros tuyau de conduite s'épanouira en plusieurs branches distribuées dans l'appareil des tuyaux de vapeur, et on réglera tout avec une précision presque mathématique. Comme on ne pourra intercepter complétement la production de chaleur, on utilisera celle obtenue dans les moments de repos pour chauffer la petite chaudière d'alimentation des pertes de vapeur.

Cet ensemble étant disposé, supposons le cylindre de dépôt rempli par la chaudière de vapeur, à la faible tension d'une atmosphère et demie, par exemple : l'appareil de chaleur est au repos; l'appareil d'échauffement est rempli de vapeur; il en est de même de la partie inférieure du cylindre de tension, dont le piston reste au point le plus bas de sa course.

Tout étant ainsi en repos, on met en action la chaleur sur l'appareil; alors la vapeur surchauffée soulève le piston du cylindre de tension. Le mouvement fait baisser le piston du cylindre de dépôt, dont la vapeur se trouve ainsi appelée et chassée dans l'appareil de chaleur où elle acquiert une forte tension. Un peu avant que le piston soit parvenu au sommet de sa course, la chaleur est éloignée par le mouvement d'un tiroir; alors la vapeur se détend jusqu'au point culminant.

A partir de ce point, le piston du cylindre de tension descend, et la vapeur qui a perdu dans son action mécanique la plus grande partie de la chaleur qu'elle avait acquise est chassée en repassant dans les appareils tubulaires, où elle laisse une partie de la chaleur qui lui reste; alors elle rentre dans le cylindre de dépôt, dont l'étendue s'ouvre devant elle par suite de l'ascension du piston; puis le tout revient dans le même état qu'au point de départ.

Comme un peu de chaleur sera toujours perdue, la chaudière, qui communique par une soupape avec le cylindre de dépôt, fournira ce qui manque à la tension d'équilibre. Les nouvelles machines peuvent être simples ou doubles, c'est-à-dire qu'elles peuvent contenir deux cylindres de tension, agissant sur le même arbre de mouvement et ayant chacun un appareil de chaleur alimenté par un foyer unique; on dirige alternativement l'action de ce foyer vers l'un ou l'autre des appareils.

Il faut observer que, dans ce cas, on peut donner à chaque cylindre de tension un cylindre de dépôt correspondant, ou avoir un seul cylindre de dépôt d'une assez grande capacité, ou même supprimer les cylindres de dépôt, en faisant que chaque cylindre de tension serve alternativement de cylindre de dépôt à l'autre; ce qui est facile, surtout en établissant une assez grande distance entre les appareils d'échauffement.

Observez que le cylindre de dépôt peut être remplacé par un réservoir complétement indépendant, dont la capacité est plus grande que celle du cylindre de tension. Dans ce réservoir, la vapeur est toujours maintenue à la même pression au moyen d'appareils et d'enveloppes flexibles, qui permettent au volume de se réduire ou de s'étendre sous la même pression de vapeur.

Ces nouvelles machines, qui peuvent être appliquées à tous les services de mécanique et de transport, offrent ce grand avantage d'opérer toujours sur la même masse de vapeur; elles ne consomment donc que la quantité de charbon réclamée par l'action mécanique de cette vapeur, soit le sixième au plus de ce que l'on dépense dans les machines actuelles. Ces machines seront simples et économiques à établir et à entretenir.

Dans ce système, je viens de considérer le cas le plus compliqué, qui consiste dans l'emploi de la vapeur. Mais contentez-vous d'employer de l'air atmosphérique et surchauffé; alors votre machine devient fort simple.

On a déjà fait des machines à air chaud qui sont très-compliquées, volumineuses et coûteuses. N'imitez point cela. Réduisez au contraire vos appareils et vos dimensions au moindre volume possible. Ainsi, pour les cylindres, augmentez leur volume par l'augmentation de longueur plutôt que par l'augmentation de diamètre; supprimez les cylindres de réserve ou de dépôt, puisez puis rejetez directement les gaz dans l'atmosphère. Ainsi, voici ce qu'il y a de plus simple.

Ayant votre appareil récepteur du calorique composé d'un faisceau allongé de toiles ou de tubes métalliques, faites qu'une des extrémités de ce faisceau aboutisse au fond du tube de tension, pendant que l'autre aboutit, par des ajustages tronc-coniques, dans l'atmosphère. Sur tout son parcours, l'appareil récepteur est surchauffé par des becs de gaz qui s'éteignent ou s'allument instantanément. La puissance de cet échauffement et la longueur de l'appareil sont en rapport avec le degré de chaleur que l'on veut donner à l'air pour agir dans le cylindre de tension. L'air avec tous les gaz de combustion se précipite dans ce cylindre, ensuite il ressort en laissant au récepteur toute la chaleur qu'il possède; ce récepteur attire alors avec force l'air atmosphérique, l'échauffe, puis le surchauffe par l'application des becs de gaz.

Dans ces machines, qui peuvent employer des gaz à une température supérieure à 700 degrés, vous éviterez l'inconvénient de gripper les surfaces métalliques du cylindre et du piston par le nouveau procédé que voici : Formez votre piston d'un disque métallique, fixé à la tige, ayant un diamètre inférieur de quelques millimètres à celui du cylindre. Sur la partie supérieure de ce disque, fixez un sac d'un fort tissu d'amiante que l'on remplit de plomb fondu, dont la pression fait appliquer les parois du sac contre les parois du cylindre. Il y a dans ce système général de pistons à culot rigide, à pourtour flexible et rempli de liquide, une invention générale qui peut être appliquée dans tous les cas de cylindres à piston.

MÉCANIQUE ÉLECTRIQUE.

L'électricité, malgré les immenses et admirables travaux dont elle a été l'objet, est encore peu connue et peu utilisée. Cela tient à ce qu'on ignore son essence même et son mode d'opération. Je me contenterai d'ouvrir la voie nouvelle en posant ces nouveaux principes : l'électricité est un règne fluide organique; l'électricité se propage par vibrations ou ondes électriques, et ces vibrations ou ondes sont organisées.

On verra plus tard la grande série de nouvelles choses qui résulteront de ces nouveaux principes. Ici je dois me borner à l'action purement mécanique.

Cette action est universelle dans la nature, depuis la foudre des cieux jusqu'aux grandes veines métallifères de la terre; jusqu'à la force mouvante du plus léger insecte. Pas un atome et pas une masse dans l'ensemble des règnes organiques de la nature, où l'électricité n'exerce sa puissance motrice et vivifiante. Dans l'industrie il en est différemment. La puissance mécanique de l'électricité est limitée à un très-petit nombre d'applications; et encore ces applications sont-elles restreintes à un ordre d'opérations fort délicates.

La télégraphie électrique est le plus universel et le plus admirable de ces emplois.

Quant aux machines motrices à électricité, on ne peut citer que des essais de cabinet et de laboratoire plutôt que de véritables applications industrielles : ainsi on n'utilise que l'action circulante de l'électricité dans de petits fils entourés de soie pour aimanter des barres de fer qui attirent ou repoussent; puis on est tombé dans des dépenses et des complications considérables pour la production de l'électricité et pour l'action aimantante. En résumé, on n'a obtenu que des résultats bornés et précaires.

Voulant me limiter ici à la mécanique électrique qui est basée sur l'action aimantante d'un courant électrique, je ferai les nouvelles propositions que voici, relativement à la source d'électricité, au faisceau conducteur, à la barre de fer aimantée et à la disposition générale d'action mécanique.

En ce qui concerne la source d'électricité, on n'a guère songé qu'à employer des piles de toute sorte, dont on multiplie le plus possible les surfaces et les éléments; mais cette source, basée sur les réactions chimiques avec des liquides, exige des complications, des encombrements, des embarras, des irrégularités et des dépenses énormes. Ce que je propose au point de vue industriel, c'est de supprimer toutes ces piles plus ou moins chimiques et de n'employer de préférence qu'une source, soit un foyer de chaleur.

Vous savez qu'un fil, maintenu chaud à une extrémité et froid à l'autre, donne naissance à un courant électrique; eh bien, ayez une série de fils aussi longs et aussi gros qu'il vous plaira, enroulés comme il vous plaira, dont une extrémité sera dans un foyer ardent pendant que l'autre restera à l'air libre, vous aurez un courant énergique d'électricité sans sérieuse dépense, sans irrégularité et sans encombrement.

Ce fil, jusqu'à présent, vous le prenez plein, aussi mince que possible, enveloppé de soie et enroulé en bobines. Ce que je propose, c'est de le prendre le plus gros possible, en raison de l'effet que l'on veut produire; ce que je propose surtout de plus nouveau, c'est de le prendre creux au lieu d'être plein, c'est-à-dire que vous aurez un tube à enveloppe mince et à vide intérieur. Or, dans ce tube, vous aurez un véritable courant de chaleur intermittente qui activera beaucoup le courant électrique. Je propose même ce principe organique, imité de la nature : cloisonnez de distance en distance ce tube électrique, vous aurez alors des points qui activeront l'énergie des courants.

L'enveloppe des tubes, fils ou faisceaux, pourra être rayée en long et en travers, ou même être composée de grillages. On pourra ainsi appliquer la constitution organique en fibres longitudinales et tranches transversales au moyen de chapelets, toiles ou plaques métalliques. L'influence de ces dispositions nouvelles sera de condenser beaucoup l'électricité, c'est-à-dire d'accumuler la masse sur des espaces restreints.

Ces faisceaux de fils, tubes, plaques et toiles métalliques qui peuvent revêtir tous les volumes et toutes les formes, doivent être soumis à cette condition que chaque brin soit isolé ; or, vu la grosseur des brins, la masse, la variété et la complication des formes, l'énergie de la chaleur ou autre source électrique, vous ne pouvez songer à des enveloppes de soie comme l'on fait aujourd'hui pour tous ces brins. Alors vous façonnerez le faisceau en faisant porter les fils, tubes, plaques métalliques par des arêtes avec trous ou écrans en matière isolante. Cela fait, vous coulerez toute cette carcasse mixte dans une masse ou manchon de substance isolante, telle que verre, poterie, charbon, gutta-percha, etc., le tout en raison de la source d'électricité et de la destination spéciale.

Jusqu'à présent la barre de fer que doit aimanter le courant est fixée aux tours des faisceaux et ne peut en être séparée. Je propose le nouveau principe de faire de la carcasse électrique un véritable manchon isolé.

Le vide intérieur de cette carcasse sera à surface isolante et enveloppera exactement l'axe de fer cylindrique qui doit être aimanté. Cette indépendance du manchon électrique par rapport à la barre de fer a un véritable avantage d'économie et de convenance; car le même manchon pourra être appliqué à beaucoup de dispositions d'arbre, et ce dernier pourra prendre avec son équipage tel mouvement que l'on voudra, pendant que le fil du manchon gardera l'immobilité que comporte le rapport permanent de ses extrémités avec les sources de chaleur et de froid, soit d'électricité.

L'arbre aimanté aura ses extrémités polarisées, qui seront terminées en leviers ou en disques. Cet arbre peut être animé du mouvement que l'on voudra, surtout du mouvement circulaire sur son axe, en employant les tourillons de substance isolante. Les extrémités des leviers ou disques polarisés, vous les mettrez en rapport avec les leviers ou disques qui vous conviendront pour déterminer le mouvement mécanique.

En résumé, voici les nouveaux principes des nouvelles machines :

1° Placez dans le sens qu'il vous plaira un arbre en fer doux, plein ou creux, qui sera terminé par des leviers ou des disques, pour se mettre en rapport avec tel organe et tel effort mécanique que l'on voudra ; cet arbre pouvant être fixe ou animé d'un mouvement de va-et-vient, ou tourner sur son axe. 2° Placez cet arbre dans un manchon indépendant, avec un fil ou tube de cuivre qui est enroulé suivant un cylindre enveloppe et noyé dans une substance isolante. 3° Maintenez les deux extrémités du fil, l'une dans un milieu de très-forte chaleur, l'autre dans un milieu de froid, soit l'air extérieur; ou mettez-le en contact avec les extrémités d'un même milieu plus ou moins inégal en température et en action chimique; ou, enfin, faites-le communiquer avec telle source d'electricité qu'il vous plaira.

L'emploi de ces machines électriques peut être des plus variés. Je mentionnerai seulement les télégraphes en fils creux ; puis je me bornerai à indiquer l'application spéciale que voici pour le triage des minerais magnétiques.

J'avais créé, dans le mont Rosa, l'exploitation d'une des plus belles mines du monde, dont le minerai compact comprenait moyennement 75 pour 100 de sulfure de fer et 25 pour 100 de sulfures mélangés de cuivre, nickel et cobalt. J'avais un besoin urgent de concentrer ces minerais accumulés sur le sommet ou d'une montagne. La chose était impossible avec les moyens de mécanique et de lavage ordinaires, principalement parce que tous les sulfures avaient la même densité.

A force de chercher, je remarquai que tous ces sulfures étaient magnétiques à des degrés divers, et alors je pensai à faire le triage par une machine électrique de l'espèce précédente.

Je fis une petite machine d'essai comprenant trois arbres en fer terminés par des disques ; ces arbres étaient disposés parallèlement pour tourner horizontalement, et chacun d'eux était enveloppé de son manchon électrique.

Le minerai était réduit en poudre aussi fine que possible par des cylindres qui le chassaient dans deux paires d'augets, d'où il descendait sur les deux disques du premier arbre. Ces disques se chargeaient de sulfure de fer, qui était le plus magnétique; et, en tournant, ils se déchargeaient d'une manière continue contre des écrans qui les embrassaient, suivant le pourtour et les deux rayons des faces. Alors le disque débarrassé venait plonger de nouveau dans la poudre de l'auget, où il se chargeait incessamment de sulfure de fer.

La poudre qui restait au fond de l'auget était composée du sulfure de cuivre et des sulfures de nickel et de cobalt liés le plus souvent ensemble. Cette poudre était conduite sous le second arbre, dont les disques se chargeaient de sulfures de nickel et de cobalt qui étaient beaucoup plus magnétiques que le sulfure de cuivre, et ces disques chargés étaient vidés par des écrans comme précédemment.

La première pyrite de fer était presque pure; mais les deux poudres de triage, l'une de cuivre, l'autre de nickel, étaient encore un peu mêlées. Alors chacune d'elles était dirigée vers l'un des disques du troisième arbre, et la séparation devenait presque absolue.

Dans ce système, on peut multiplier à volonté soit les arbres, soit les disques sur le même arbre, pour perfectionner les triages. Bref, j'obtins ainsi trois poudres : l'une d'un noir très-net, qui était le sulfure de fer; l'autre, d'un vert jaunâtre, qui était le sulfure de cuivre; l'autre, couleur café rosée, qui était le sulfure double de nickel et de cobalt. Ce fut avec ces trois poudres que je parvins à convaincre une dizaine de chimistes et d'ingénieurs qui avaient toujours nié la valeur de cette mine, et qui m'avaient ainsi empêché de la vendre pendant trois ans, jusqu'au moment où cette valeur de plus de 10 millions de francs me fut volée.

LA MÉCANIQUE ORGANIQUE.

CHAPITRE XV.

Constitution des machines à fluides pondérables.

CONDITIONS GÉNÉRALES.

Tout être naturel, à chaque instant de son existence, peut être considéré comme une véritable machine organique, qui accomplit une fonction mécanique. Et cette fonction est alimentée par les fluides des milieux dans lesquels séjourne l'être naturel, puis aussi par les substances que cet individu aura introduites dans ses réservoirs d'approvisionnement et d'élaboration.

Et si vous étudiez comment cette nouvelle loi est appliquée dans les millions d'individus qui entrent dans les trois règnes naturels qui sont le plus à votre portée, vous reconnaîtrez ces nouvelles lois dont l'importance est considérable : Parmi les fluides dits pondérables qui alimentent les fonctions des êtres organiques, le fluide caractéristique des êtres du règne minéral, c'est le liquide métallique à l'état sulfureux ou siliceux ; le fluide caractéristique des êtres du règne végétal, c'est l'eau plus ou moins chargée et visqueuse ; le fluide caractéristique des êtres du règne animal, c'est l'air plus ou moins imprégné de vapeurs et de gaz.

Et remarquez que presque jamais, dans la nature, un fluide n'est appelé à satisfaire seul à la fonction organique d'un individu. Ces fluides, toujours assez complexes dans leur composition, se trouvent, le plus souvent, réunis, gaz, vapeur et liquide, dans l'absorption, l'élaboration et la projection des foyers organiques. Alors la fonction mécanique résulte de la série de rapports qui s'exercent entre ces fluides ; et ces rapports sont déterminés par les dispositions des formes organiques, puis par l'action incessante de ces agents mal définis qu'on appelle fluides impondérables, sous les noms de chaleur, électricité, affinité....

Ces conditions étant établies pour la mécanique organique des êtres naturels, vous comprendrez que des conditions semblables doivent exister pour la mécanique organique des machines industrielles. Et alors vous admettrez ces propositions et classifications nouvelles des machines à fluide :

1° Machines à fluide métallique, comme le mercure à la température ordinaire; le bismuth, le plomb, etc., aux températures élevées ;

2° Machines à fluides de viscosité sulfureuse ;

3° Machines à fluide aqueux, plus ou moins pur, et plus ou moins dense, chargé de gaz ou de sel, etc. ;

4° Machines à liquides légers, huiles, essences ;

5° Machines à air ou autres gaz, plus ou moins mélangés ;

6° Machines à vapeurs combustibles ou non.

Observez que, généralement, dans la mécanique industrielle, on n'a guère employé que l'eau pure, ou la vapeur d'eau pure, pour le fluide organique de la fonction. J'étends beaucoup, on le voit, le champ des fluides mécaniques pour l'industrie, et, de plus, je prescris l'emploi simultané de ces divers fluides pour concourir au même effet mécanique par la réunion combinée de plusieurs effets partiels. Enfin, je recommande instamment de réunir à l'action de ces fluides, dits pondérables, l'application des fluides impondérables.

Un nouvel ordre d'idées, pour la mécanique industrielle, est celui-ci : Parmi les fluides dont elle peut disposer, il y a des différences énormes de qualités et d'aptitudes, et le caractère le plus saillant de ces différences consiste dans la densité. Ainsi, en représentant par 1.0 la densité de l'eau pure, vous aurez la densité de 13.0 pour le fluide métallique de mercure, et la densité de $^1/_{4000}$ environ pour les gaz légers. Ce serait une différence de 1 à 52,000 dans les rapports des densités pour les fluides dont peut faire usage la mécanique organique de l'industrie.

Et remarquez que cette énorme différence est remplie par des degrés presque réguliers de variations, en faisant usage des diverses substances fluides. Ainsi, partant de l'échelle inférieure, on arrive des vapeurs et gaz légers à l'air, puis aux vapeurs et gaz lourds; ensuite, par la compression et l'échauffement, on triple, quadruple, décuple, la densité de ces gaz et vapeurs, et on arrive aux liquides légers des essences, des huiles, des dissolutions de gaz, qui conduisent jusqu'à l'eau pure. Cette eau, en dissolvant des substances diverses et salines, visqueuses, etc., augmente de densité; on arrive ainsi aux liquides de soufre et de sulfures, etc.; puis de là aux alliages fusibles, pour aboutir aux liquides de plomb et de mercure, etc.

Pour comprendre la possibilité de l'application pratique de fluides à masses aussi disproportionnées, pour des fonctions mécaniques presque semblables, il faut se pénétrer des nouvelles considérations que voici : Au point de vue mathématique, la force vive d'une machine est toujours représentée par la formule MV^2. Or, faites M égal à 40,000, et V égal à 1.0, vous avez la somme de 40,000 pour la force vive. Faites, au contraire, M égal à 1.0, limite inférieure des masses, et V égal à 200, vous retombez sur le même produit 40,000 pour la force vive. Faites enfin M égal à 10,000, qui représenteraient une masse moyenne ayant à peu près la densité de l'eau, et en même temps V égal à 2.0, vous retombez encore sur la même somme de 40,000 pour la force vive.

Ainsi donc, quel que soit le fluide que l'on emploie, on pourra théoriquement obtenir la même quantité de force vive MV^2, en employant des densités qui varient dans les rapports de 1.0 à 40,000, pourvu que les vitesses varient en raison inverse entre les limites de 1 à 200, par exemple, en admettant 1 pour limite inférieure. Ainsi, les fluides pesants auront de faibles vitesses, et les fluides légers de très-grandes vitesses.

Cette condition est tellement forcée qu'elle se réalise d'elle-même en quelque sorte. Ainsi, dans nos machines à eau, la vitesse varie généralement de 1 à 10, pendant que, dans les machines à vapeur, fluide dont la densité varie entre un et cinq millièmes de la densité de l'eau, on trouve que la vitesse varie entre 30 et 150.

Remarquez que ces conditions mathématiques sur la force vive des divers fluides ne se reproduiront pratiquement que dans une certaine proportion, réglée par une foule de conditions organiques. Remarquez aussi que, si la loi d'employer les fluides pesants avec de faibles vitesses, et les fluides légers avec de grandes vitesses, est une loi générale et naturelle pour la pratique, cette loi n'a rien d'absolu. Ainsi, pour les machines à effet formidable de choc, on pourra employer les fluides pesants avec de grandes vitesses, et pour les machines à action délicate les fluides légers avec de faibles vitesses.

En résumé, les machines organiques doivent être alimentées par des courants de fluides continus autant que possible. Ces courants passeront par des séries de foyers où ils pourront rester stables ou variables dans leur composition : ces fluides peuvent être de toute sorte, depuis les gaz et vapeurs les plus légers, dont la masse serait 1.0, jusqu'à l'eau, dont la masse serait 10,000.0, jusqu'au mercure, dont la masse serait 52,000........ Les vitesses de ces fluides peuvent varier depuis une petite fraction de 1 centimètre, par exemple, jusqu'à 200 mètres, soit de 1 à 20,000. Et, dans ces limites, opérez comme il vous plaira, en employant les fluides isolément ou combinés dans leur action. C'est donc une carrière immense, et presque infinie, de variétés, dans laquelle l'industrie peut choisir pour obtenir les fluides moteurs de ses machines organiques.

Un autre avantage consiste en ceci : La nature, dans la mécanique générale de ses êtres organiques, et surtout des animaux, a forcément besoin du concours de plusieurs fluides de nature différente : les uns sont produits par l'élaboration des matières d'alimentation et d'absorption, qui approvisionnent certains foyers organiques de la machine générale ; les autres, comme l'air pour les animaux, sont le courant du fluide vital et moteur par excellence. Or, remarquez que, généralement, l'introduction principale de ce fluide se fait par mouvements alternatifs. La cause de cette loi, ignorée jusqu'à présent, c'est la nécessité des vibrations qu'amènent les petits chocs de la force vive, lesquels chocs résultent de l'alternative des introducteurs fluides.

Les machines organiques de l'industrie ne peuvent que gagner à imiter ces dispositions naturelles. Observez, cependant, que le rôle de ces machines est infiniment moins compliqué que celui des machines organiques de la nature, qui doivent accomplir par elles-mêmes des séries d'opérations compliquées, tandis que la machine industrielle est généralement limitée à l'accomplissement d'une action spéciale et uniforme. Ces machines organiques de l'industrie pourront donc être extrêmement simples, en admettant dans leur intérieur un seul fluide à courant continu.

APPLICATIONS AUX MACHINES ACTUELLES.

Quand on examine l'ensemble des machines qu'emploient actuellement les sociétés humaines, on reconnaît que toutes se résument dans les systèmes de machines qui ont pour moteur les deux fluides de l'eau ou de la vapeur d'eau. Sans doute on trouve aussi partout, et dès l'origine des temps, quelques machines à contre-poids, à ressort, à air ; mais ce sont là, généralement, des machines bornées, peu répandues, et dont l'usage tend même à disparaître de plus en plus.

En ce qui concerne les machines à eau, les pompes, les rouets et les hélices ou turbines sont les trois seuls modes d'opérateur adoptés ; et l'on peut dire que les machines à mouvement circulaire tendent de plus en plus à remplacer les pompes à mouvement alternatif. Continuez cette tendance, en même temps que vous remplacerez les énormes roues à très-grands diamètres par le système des roues à aubes ou à hélices de petit diamètre, développées en longueur suivant l'axe, et ne recevant que des filets d'eau animés de la plus grande vitesse que puisse comporter la chute.

Quoi qu'il en soit, appliquez toujours le principe organique de la multiplicité des actions partielles pour aboutir à l'action générale. Ainsi, les nouvelles dispositions que je réclame pour les machines hydrauliques sont les suivantes :

1° Dans les pompes, cloisonnez le cylindre d'ascension par de grands ovaires, ou mieux des tranches d'ovaires dirigés toujours la pointe dans le sens de l'écoulement de l'eau. Et pour le piston, composez-le aussi d'une tranche d'ovaires la pointe en l'air, et recouvrez-le d'une rondelle pleine ou creuse de caoutchouc vulcanisé. Quand le piston descend, l'eau se trouvant refoulée entre les cloisons du tube d'ascension, traverse les ovaires du piston en soulevant la rondelle élastique le long de la tige. Quand le piston remonte, la rondelle est appliquée contre la pointe des ovaires et bouche le tout pour soulever l'eau. C'est la pompe aspirante. Pour la pompe foulante, le piston élastique est plein, et le fond du cylindre est occupé par une plaque d'ovaires. Au-dessus de cette plaque repose la rondelle élastique à l'état de repos ; cette rondelle présente du jeu entre son pourtour et les parois du cylindre.

En ce qui concerne les roues, supprimez les palettes et augets à cloisons plus ou moins épaisses et que l'on voit écartées quelquefois jusqu'à plus de 60 centimètres ; remplacez cela par des aubes solides, très-minces et rapprochées ; à deux centimètres par exemple. Ces plaques d'aubes, faites-les cannelées dans le sens de l'axe. De plus, ces mêmes aubes, sillonnez-les verticalement par des tranches d'ouverture ayant 1 centimètre de largeur et espacées de 4 centimètres, chacune d'elle correspondant aux pleins de l'aube qui la précède.

Pour les ouvertures de dépense, pratiquez-les toujours au point le plus bas de la chute disponible, là où la vitesse est la plus grande possible. Cette eau, dépensez-la en filet mince et longitudinal, et ce filet, constituez-le en ovaires. Alors la dépense sera partagée en jets plus ou moins espacés, et dont toute la puissance motrice sera appliquée contre la surface de l'aube. A cet effet, les petites ouvertures étant au point le plus bas de la chute, et leur jet étant à peu près tangentiel, on creusera légèrement en contre-pente le fond du réservoir, afin d'obtenir l'ajustage de conduits. Ces ovaires de débit pourront se trouver à l'extrémité d'un conduit plus ou moins long, dont l'ouverture générale sera ouverte ou fermée par une vanne verticale.

Les machines à vapeur recevront, d'après les mêmes principes, les conditions nouvelles de la mécanique organique.

Ainsi, pour le foyer de combustion, faites arriver le combustible par des systèmes de petits conduits en petits jets plus ou moins espacés; et ces jets, entourez-les d'air pur; et les gaz échauffés, faites-les circuler autour de toutes les parties actives de la machine, en utilisant leur dernière chaleur pour échauffer les courants d'eau qui entrent pour alimenter la combustion.

L'eau extérieure, faites-la déboucher dans la chaudière par un grand nombre de petites pointes saillantes sur les parois intérieures, échauffez-la d'avance; l'eau dans la chaudière, partagez-la en parties indépendantes et entourées de chaleur, au moyen d'une cloison générale d'ovaires dont les pointes dépassent le niveau de l'eau, de sorte que la vapeur est excitée à une forte pression et reste sèche dans le réservoir sans entraîner d'eau.

La prise de vapeur dans la chaudière, cloisonnez-la en ovaires, ainsi que le tube de conduite de la vapeur depuis la chaudière jusqu'à l'opérateur; faites ce circuit droit ou courbe, et entourez-le par la chaleur des gaz provenant de la combustion; faites-le déboucher dans l'opérateur par des ovaires ou pointes saillantes.

Si l'opérateur est un cylindre, rendez élastiques, par des tampons, le fond du cylindre et le dessous du piston; si l'opérateur est un rouet, disposez-le comme il a été dit pour le fluide de l'eau; dégagez l'opérateur en appelant le fluide épuisé par des ouvertures en ajustage d'ovaires, et en le chassant au besoin par une turbine, un ventilateur, un cylindre, ou mieux un coulicône.

Pour le fluide épuisé, établissez un circuit cloisonné en ovaire où ce fluide pourra régénérer sa pression. Ce circuit débouchera dans la vapeur de la chaudière par un ajustage très-effilé et très-saillant en ligne d'ovaires, au-dessus de l'eau; l'action de ce conduit régénérateur, activez-la par des tubes intérieurs et extérieurs, dans lesquels circuleront les gaz de la combustion partant du foyer.

Dans ces cloisonnements pour les tubes et pour la chaudière, vous pourrez employer des feuilles métalliques ou des substances poreuses, ou des tranches de sables, de tissus, etc., ou enfin des substances élastiques qui seront combinées avec plus ou moins de parties rigides. Ainsi, on pourra introduire dans un tube rigide de conduite un tube élastique et inaltérable dans la vapeur. Ce tube, portant des anneaux métalliques de distance en distance, aura un diamètre extérieur un peu plus petit que le diamètre intérieur de la conduite. L'intervalle entre les deux tubes sera rempli de vapeur par exemple, dont la pression constante peut être ou plus grande ou plus petite que celle des courants de vapeur qui parcourent le tube élastique. Ces différences amèneront dans les ovaires de ce tube un flottement de pression entre les formes convexes et concaves que prendront les cellules autour de la forme cylindrique.

En terminant les modifications applicables aux machines actuelles, je proposerai de faire précéder les régulateurs d'ouvertures de communication par un régulateur de pression ou de volume variable. Enfin, on appliquera facilement à l'arbre général de mouvement le régulateur à force centrifuge qui donnera les volants que l'on jugera nécessaires. Un simple collier à vis portant les branches et les masses des pendules sera serré fortement contre l'arbre.

CONTINUITÉ DES CIRCUITS ET DES FLUIDES.

Il est une loi dont on s'écarte trop souvent dans les machines actuelles : c'est la loi de simplicité et de continuité dans les circuits fluides. Supprimez tous ces tubes allongés, recourbés, brisés dans tous les sens, qui conduisent à des chambres angulaires, avec des ouvertures angulaires et des retours angulaires. C'est là autant d'obstacles à l'écoulement fluide, qui amènent des irrégularités et des chocs nuisibles, puis, surtout, des pertes considérables de force vive et motrice. Faites, au contraire, les circuits courts et directs, autant que possible, en supprimant les angles et les ouvertures à mince paroi, en présentant partout des ajustages coniques à la veine d'écoulement. En résumé, tendez toujours à réduire tous les circuits de pure transmission, en rapprochant le plus possible les foyers de génération et d'opération. Vous arriverez ainsi à cette limite de simplicité radicale d'un opérateur, comme un rouet à aube ou à hélice, qui serait placé dans l'intérieur même du foyer de génération, dont le fluide passerait par des échelons de pression.

La continuité des fluides moteurs a une importance de premier ordre et révolutionnera toute la mécanique, en amenant principalement une économie énorme dans les dépenses d'installation et de service, puis une faculté universelle de puissance mécanique, au moyen d'un élément transportable en tous lieux.

La nature offre très-peu d'exemples de ce fait d'une même masse fluide, qui régénère sa pression pour recommencer des séries d'opérations mécaniques ; c'est que la nature, large, féconde et incessamment créatrice, borne rarement l'emploi de ses masses et courants fluides à des opérations purement mécaniques ; elle y mêle constamment, au contraire, des opérations de transformation et de génération, qui font de ces fluides la source nourricière d'autres fluides pour entretenir la fonction organique des êtres. Notre machine respiratoire, au moyen des masses fluides de l'air, en est l'exemple le plus saillant.

Mais l'industrie, qui, dans une machine motrice, est forcément localisée, ne peut être large, prodigue et féconde, en fait de fluide moteur, comme l'est la nature. Aussi, en établissant cette nouvelle loi d'employer toujours la même masse fluide, dont on régénère la pression en alimentant les pertes partielles de l'usure, on introduira dans cette industrie une multiplicité et une économie incroyable de ressources et de service ; on l'affranchira de plus en plus de tous les obstacles, pour la transporter, partout, avec une puissance d'action qui domptera les difficultés réputées insurmontables.

Tout ce qui vient d'être dit suffit pour démontrer quelle somme considérable de dispositions et d'actions nouvelles les machines organiques auront à leur disposition ; cela suffit aussi pour déterminer la nature spéciale de ces machines nouvelles et complètes, qui seront les individus organiques du vaste règne de la mécanique industrielle. Alors cette dernière, s'appuyant sur les grands éléments mécaniques et sur les grands organismes de la nature, s'appropriera en outre des éléments artificiels et des combinaisons spéciales, pour étendre jusqu'aux plus grandes limites sa sphère de créations et de fonctions.

LA MÉCANIQUE ORGANIQUE.

CHAPITRE XVI.

Fluides et machines organiques.

NOUVELLES MACHINES.

Au-dessus de l'immense variété de machines organiques, résultant de l'application des propositions précédentes, il y a tout un ordre de machines nouvelles, simples et complètes, qui résument en elles-mêmes les conditions les plus avantageuses de la nouvelle mécanique. Ces machines nouvelles, je les indiquerai dans les dispositions générales de leur constitution et de leur fonction, les laissant soumises, pour les dispositions de détail, à toutes les propositions nouvelles que j'ai indiquées précédemment.

Soit donc l'ensemble des machines organiques à courants continus de fluides; ce nouveau système de machines sera caractérisé par les conditions suivantes : 1° simplicité des appareils à fonction toujours directe et continue; 2° réduction des masses et augmentation des vitesses; 3° utilisation jusqu'à la dernière limite de tous les éléments de la force dépensée; 4° renouvellement ou régénération continues des pressions fluides; 5° échange régulier et permanent d'action combinée entre les divers courants de fluide qui doivent concourir au travail des différents foyers organiques; 6° application générale du principe des ovaires de fonctions partielles pour concourir à l'effet général; 7° introduction dans l'action des courants fluides d'un mouvement vibratoire résultant de petits chocs sur des parties douées d'une certaine élasticité; 8° faculté régulatrice des masses et des pressions fluides, des masses et des vitesses mécaniques dans les limites voulues.

Les machines organiques, tout en satisfaisant à ces conditions générales à des degrés divers, présenteront encore de grandes différences en raison de la nature des fluides, en raison de l'origine de ces courants fluides, et en raison de l'action plus ou moins combinée des fluides divers.

En ce qui concerne la nature des fluides, je propose les différentes classes de machines nouvelles que voici : 1° machines à vapeur d'eau; 2° machines à vapeur combustible; 3° machines à air atmosphérique; 4° machines à gaz combustibles ou solubles, etc...: machines à courants de liquides permanents; 5° machines à masse liquide constante.

Pour ces diverses classes de machines, j'établis ici les dispositions relatives aux cas organiques les plus complets. Soit d'abord la classe la plus compliquée, celle des machines à vapeur d'eau.

1° *Machine organique à vapeur d'eau.* — Prenez un large circuit fermé, de forme quelconque, rectiligne, ou brisée, ou courbe; pour plus de régularité, soit la forme circulaire : ce circuit général se compose de trois circuits distincts pour la vapeur, l'air pur et le gaz de combustion.

Le circuit central et fermé de la vapeur passe par des alternatives incessantes de génération, de travail moteur et de régénération. Ce circuit continu comprend les parties suivantes : dans le bas, la chaudière; à gauche, par exemple, le conduit de pression; dans le haut, le foyer d'opération qui est ou bien un rouet à aubes et emboîté dans un tambour, ou bien une hélice, ou bien une couple de cylindres avec réservoir d'échappement muni d'une turbine ou d'un ventilateur pour activer le dégagement du fluide; à droite, le circuit de régénération qui revient à la chaudière.

Le circuit de gaz de combustion entoure le plus possible l'extérieur et même l'intérieur du circuit général de vapeur; partant du foyer de combustion, il s'élève à droite et à gauche autour de la chaudière et des conduits de pression et de régénération, puis autour de l'opérateur pour venir s'ouvrir à l'air libre, au-dessus des réservoirs d'échappement. Là, les gaz de combustion sortent après avoir abandonné leur restant de chaleur aux ovaires d'une plaque tournante.

Le circuit d'air pur, qui commence à l'air libre par les ovaires de la plaque tournante, se développe autour du circuit des gaz comburés et vient des deux côtés se réunir sous le foyer de combustion, lequel ne reçoit ainsi que de l'air échauffé.

En dégageant le principe capital de ces nouvelles machines, on voit ceci : non-seulement la chaleur dépensée est utilisée jusqu'à la moindre parcelle; mais la vapeur d'eau est une masse constante, qui forme un circuit continu de circulation; cette masse part de la sortie de l'opérateur et court se diriger vers l'entrée du même opérateur, en augmentant constamment de pression pendant ce mouvement, dont le trajet a pour centre principal d'élaboration la chaudière, ou plutôt le grand ovaire placé au-dessus du foyer de combustion. Dans cette action générale, la chaudière perd considérablement de son importance spéciale et n'aura plus qu'à alimenter les déperditions et fuites de vapeur.

En tenant compte de ces nouveaux principes de dispositions générales, puis des descriptions précédentes pour les grands organes développés par ovaires, on pourra disposer une foule de machines nouvelles, qui auront pour agent moteur la vapeur d'eau ou tout autre fluide enfermé dans un circuit. Je prends le rouet comme le plus simple et le plus favorable de tous les opérateurs; mais on peut employer d'autres récepteurs. Au moyen d'un tiroir, on peut projeter la vapeur dans un sens opposé sur les aubes du rouet et changer ainsi le sens du mouvement mécanique.

De plus, le tiroir réglera l'étendue des jets de la vapeur; quant à la pression, elle sera réglée dans le dernier ovaire, qui possédera la faculté d'élasticité ou de variation de volume.

Parmi les dispositions que l'on peut adopter pour l'ensemble de la machine, il en est une dont l'application générale présentera des avantages. Ainsi l'ensemble des circuits circulaires formera comme un anneau qui porterait en bas le foyer de génération, en haut une cloison de partage pour le fluide moteur. A gauche de la cloison, le fluide serait projeté dans l'opérateur. Ce dernier serait généralement un rouet qui aurait pour tambour le pourtour même du circuit, et ce rouet rejetterait le fluide épuisé dans la chambre supérieure à la droite de la cloison; de cette chambre il serait refoulé dans le tube de régénération.

2° *Machines à vapeurs combustibles.* — Elles fonctionnent d'une manière semblable aux machines de la première classe; elles en diffèrent par ce grand avantage que l'eau et le combustible sont remplacés par un seul liquide à vapeurs combustibles (alcool, essences, huiles, éthers). Dans ce cas, la vapeur, après avoir donné sa force dans l'opérateur, s'échappe et se partage en deux conduits: l'un est le circuit régénérateur de la pression; l'autre est un simple tuyau d'écoulement cloisonné, qui vient déboucher en plusieurs becs sous la chaudière pour former le foyer de combustion. Ce nouveau système de machines est simple, peu volumineux, portatif, peu dispendieux, très-énergique d'action.

3° *Machine à air atmosphérique.* — Ce système de machine présente, par rapport aux précédentes, cette simplification considérable qu'il n'y a plus que les deux circuits d'air et de gaz de combustion, puis un rouet à aubes ou à hélices. Le moteur est alors composé des gaz de combustion, qui sont projetés le plus tôt possible sur le rouet et qui sortent par la cheminée après avoir donné toute leur chaleur au conduit qui amène le courant d'air pur. La plaque tournante et le cloisonnement en ovaires des circuits activent l'énergie de cette action continue, qui, du reste, sera toujours limitée ; mais cette classe peut être précieuse pour les forces mécaniques à l'intérieur des habitations avec l'air et le gaz seulement.

Du reste, cette disposition générale, sans rouet ou opérateur spécial, peut procurer une excellente machine d'évidement pour de longs tubes ou réservoirs remplis d'air, de gaz ou autres fluides à la pression atmosphérique. On aurait ainsi un générateur général de mouvement pour un piston de transport qui se mouvrait dans l'intérieur de ce tube et qui céderait à la pression atmosphérique.

4° *Machines à gaz combustibles ou de dissolution.* — En ce qui concerne les machines à gaz combustibles, ce sera en réalité un circuit à trois courants qui concourront chacun séparément au mouvement du même rouet. Ainsi : courant de gaz se développant circulairement autour d'une zone d'aubes du rouet ; courant circulaire d'air pur pour alimenter la combustion et agissant sur une autre zone d'aubes ; enfin courant circulaire des gaz de combustion agissant sur une troisième zone d'aubes du rouet.

Des dispositions semblables auront lieu pour les machines à dissolution de gaz, comme l'ammoniac, pour les machines à gaz de concentration et même pour les machines à vapeur. Dans ce dernier cas, il y aurait sur le même axe : rouet pour la vapeur à pression, rouet pour la vapeur épuisée, rouet pour l'air pur, rouet pour les gaz de combustion.

5° *Machines à courants de liquides permanents.* — Quel que soit ce liquide, huile, eau, mercure, etc., les dispositions deviennent fort simples, car le circuit général se réduit à un seul fluide. On peut, il est vrai, soumettre ce courant de fluide à des relations plus ou moins combinées avec d'autres fluides ; mais ce sont là des complications inutiles dans les cas ordinaires et qui, d'ailleurs, rentreront dans les dispositions indiquées pour les machines à vapeur.

Soit un réservoir d'où le liquide s'échappe à une certaine pression. Établissez le courant autour d'un rouet à aubes tournant dans un tambour dont le pourtour laisse un passage, d'un centimètre par exemple, autour des extrémités des aubes. La hauteur de ce rouet vertical est un peu moins grande que la hauteur de la colonne liquide qui correspond à la pression. La conduite d'eau débouche au bas du rouet. Au-dessus de l'ajustage d'écoulement, une partie du pourtour du tambour est en contact avec la tranche des aubes et se trouve munie d'une plaque élastique pour arrêter tout passage du fluide; de petites bandes élastiques peuvent être fixées à la tranche des aubes. Au-dessus de cette clôture, le tambour présente une chambre qui communique avec le canal de dégagement. Le courant du liquide se manifeste donc d'une manière continue sur toutes les aubes de la circonférence du rouet, puis il s'échappera par l'ouverture de sortie qui est située à côté de l'ouverture d'entrée.

Mais, au lieu de laisser échapper ce liquide, faites que l'ouverture de sortie, jointive et semblable à l'ouverture d'entrée dans le rouet, forme une seconde entrée du courant; alors le fluide agira sur un second rouet semblable au premier et monté sur le même axe, mais séparé de lui par une cloison à cercle élastique ou pénétrant, qui bouche le passage contre le pourtour du tambour, sans gêner le mouvement. Le courant fluide agira sur ce second rouet de la même manière que sur le premier. On peut établir, sur le même axe et dans le même cylindre de tambour, un troisième, un quatrième, un cinquième..... rouet jointifs ou concentriques; alors vous aurez, sous un volume restreint, une machine très-puissante qui reproduira deux, trois, quatre, dix, vingt fois la force motrice que possède réellement le courant liquide en raison de son volume et de sa pression.

Des résultats semblables seront obtenus en prenant un tube creux roulé en serpentin, suivant un cylindre de rayon moindre que la hauteur du courant liquide; les deux extrémités de ce cylindre se repliant suivant l'axe, formant tourillons, servant de conduit d'entrée et de sortie pour le courant liquide. Les hélices multipliées sur le même axe, les cylindres à piston, les couli-cônes peuvent être aussi employés pour former des circuits massés sous un petit volume.

Les machines organiques sont indépendantes de la nature du liquide employé; il y aura grand avantage à utiliser les plus denses, puisqu'on réduit d'autant le volume des mécanismes ou qu'on augmente énormement l'énergie d'action sous le même volume. Le mercure offre donc de grands avantages sous ce rapport. Que si l'on veut employer des liquides moins chers, moins subtils et moins dangereux à manipuler, on pourra se servir de bains de soufre, bismuth, étain, alliage, plomb, etc., en maintenant alors l'ensemble des mécanismes, rouet et son tambour, serpentins, hélices....... dans un foyer de chaleur.

Dans ces machines, le courant de liquide peut donner une récolte multipliée de force motrice; mais ce courant se dépense et il faut le remplacer. Cela peut se faire pour l'eau que l'on a en plus ou moins d'abondance, mais ne saurait exister pour des liquides métalliques.

Aussi, en principe général, pour l'eau comme pour les autres liquides, je propose de prendre le liquide à sa sortie de l'appareil pour le porter et le verser dans le réservoir d'alimentation. Remarquez que la chose sera facile, car le travail pour ce transport pourra n'être que le cinquième, le dixième, etc., du travail multiple de l'appareil.

6° *Machines à masse liquide constante.* — Pour éviter la condition de renouvellement des liquides, vous emploierez les pressions ou les chocs alternatifs, afin de produire le courant dans une masse fluide toujours la même et enfermée dans un même circuit. Ainsi, soit un rouet vertical enfermé dans un tambour avec intervalle sur le pourtour des aubes; dans la partie supérieure, le tambour présente sur toute sa largeur deux ouvertures séparées par une cloison jointive avec le pourtour du rouet et qui empêche toute communication. A l'état de repos, le liquide qui remplit le circuit et les aubes du rouet est de niveau dans les deux ouvertures supérieures.

Cela étant, dans l'une des ouvertures exercez brusquement une pression par un choc ou par un mouvement de tiroir qui met le liquide de cette ouverture en rapport avec un foyer de pression; immédiatement l'action motrice se transmettra dans toute l'étendue du circuit à chaque aube du rouet, et ce dernier tournera pendant que le liquide s'élèvera dans la seconde ouverture supérieure; mais l'impression une fois subie, le niveau se rétablit dans les deux ouvertures, et l'action peut recommencer aussi souvent que l'on voudra.

On peut avoir des séries de rouets semblables sur le même axe, dans le même tambour. Tous ces rouets sont mis simultanément en mouvement par l'effet du même choc, au moyen d'ouvertures de transmission disposées comme on a vu précédemment. Alors les deux ouvertures supérieures sont aux deux extrémités du tambour. Avec les serpentins et les hélices, des résultats semblables seront obtenus.

ORGANISME AVEC LES FLUIDES NATURELS OU ARTIFICIELS.

En terminant, j'établirai les propositions nouvelles et capitales qui résultent de l'origine des courants fluides pour la force motrice. A cet effet je demande, au point de vue exclusivement mécanique, d'appeler fluide naturel, tout fluide tel qu'il se maintient à l'air libre, et fluide artificiel tout fluide qui est maintenu dans un état différent de cette condition normale à l'air libre. De là résultera un nouveau classement de l'ensemble des machines organiques en quatre espèces, savoir : les machines à courants naturels de fluides naturels; les machines à courants factices de fluides naturels; les machines à courants naturels de fluides artificiels; les machines à courants factices de fluides artificiels.

Les machines à courants naturels de fluides naturels, sous la pression atmosphérique, vous les soumettrez aux principes précédents en multipliant de plus la récolte de leur force motrice. Il en sera de même pour les machines dont les courants moteurs proviennent des milieux naturels, masses de vapeur, air, eau, etc., en équilibre, dans lesquelles on détermine des courants au moyen d'efforts artificiels de pression, d'enlèvement, de foyers de chaleur, etc.

En ce qui concerne les fluides artificiels, les machines à courants naturels de ces fluides partent d'un réservoir, d'une solution ou d'un foyer de production, et conservent la même pression qui est en dehors de l'équilibre naturel jusqu'à l'opérateur. Ces machines ne peuvent faire qu'une récolte de cet excès de pression. Il en sera de même avec les machines à courants artificiels de fluides artificiels, telles que machines à vapeur de pression variable et régénérée, machines à gaz de solution, de condensation, de dégagement, qui passent par des alternatives de pression.

D'ailleurs, quels que soient le fluide et la mise en jeu pour son courant, on retombe toujours dans ces conditions organiques de l'ovaire élémentaire : une ouverture d'entrée, un intérieur de circuit de fonction mécanique, une ouverture de sortie dans l'atmosphère; or, le fluide tend à s'échapper de cette dernière ouverture avec sa condition naturelle, c'est-à-dire avec la condition équilibrée en raison des circonstances atmosphériques.

De là résulte que, pour les fluides à état normal, comme les liquides, la condition naturelle étant toujours présente, la multiplicité de récolte est possible; tandis que, pour les fluides à état artificiel, comme la vapeur ou les gaz à forte pression, ce fluide tend à reprendre sa condition naturelle. Cette position reprise, le fluide y reste, car l'excès de force qu'il avait a été consommé par le premier opérateur, et le fluide, incapable de se renforcer de lui-même, ne peut plus alors procurer que la multiplicité de récolte correspondante à son état naturel.

La cause de cette destruction des efforts artificiels et de la multiplicité de récolte des efforts naturels réside dans la régénération incessante de la force du courant, sous l'action incessante de la gravité. Cette force universelle agit sur l'ensemble de toutes les particules fluides pour les ramener incessamment à la condition d'équilibre universel, à travers toutes les variations et complications qui pourront se présenter.

Il y a donc dans l'action générale et complète des fluides deux conditions à observer : 1° l'action des courants d'écoulement pour les fluides inaltérés, action considérable, continue, multiple, incessamment régénérée par la gravité; 2° l'action des courants de fluides artificiels, c'est-à-dire des fluides qui ont reçu, par des moyens artificiels, des températures et des pressions exagérées. Ces fluides perdent cette force d'emprunt au premier travail moteur qui se présente, pour retomber dans leur condition d'équilibre de fluides naturels et rentrer alors dans le premier cas.

La conséquence logique de tout ceci, la voici : les machines organiques, en employant les courants naturels ou factices de fluides à leur état naturel, ont un avantage immense en ce qu'elles travaillent dans des conditions simples, faciles, réglées, universelles, sans danger; et leur rôle se réduit alors à une récolte multiple de la force de ces courants. Au contraire, les machines organiques, en employant les courants de fluides artificiels dont on surexcite la pression, la densité, la température, etc., par des moyens difficiles, compliqués, onéreux, dangereux, ces machines organiques ne peuvent redonner qu'une fois une partie plus ou moins restreinte des efforts que l'on a accumulés pour surexciter la force des fluides.

La différence est grande, on le voit. Or, l'industrie néglige aujourd'hui la multiplicité de récolte des fluides naturels pour entasser ses moyens dans la récolte partielle des fluides artificiels; aussi n'a-t-elle pour ses machines qu'un rôle extrêmement borné, difficile, dangereux et onéreux. Elle tourne donc dans un cercle vicieux; car elle néglige le vrai, le simple et l'infini pour s'attacher à l'artificiel, au borné et au compliqué. L'industrie mécanique est donc dans une voie fausse.

Les grandes et nouvelles lois que j'établis ici, la nature ne vous les démontre-t-elle pas toujours dans l'ensemble de ses êtres? Placés dans les milieux de fluides naturels, tous les êtres organiques prennent ces fluides naturels tels qu'ils sont, et ne forment plus qu'un laboratoire de transmission pour faire passer tous ces fluides par des multiplicités de rapports mécaniques, qui amènent la fonction vitale et le développement. Réfléchissez sur ces nouvelles choses. Les sciences naturelles, comme les sciences mécaniques et industrielles, en retireront de grands avantages.

LA MÉCANIQUE ORGANIQUE.

CHAPITRE XVII.

Résumé de la mécanique organique.

Ce que je propose ici, c'est la découverte des grandes lois mécaniques de la nature dans le fonctionnement organique des êtres et des phénomènes, puis l'application de ces lois naturelles à la mécanique industrielle ou créée par les hommes.

La série de ces découvertes et de ces inventions, immenses par leur nombre et par leur importance, dans la nature et dans l'industrie, repose sur sept principes capitaux, qui se résument comme il suit :

1° Découverte de l'élément universel de l'*ovaire mécanique*. Lois de sa constitution et de sa fonction.

2° Constitution de toutes les machines ou appareils de fonctions organiques en ovaires mécaniques, qui sont soumis à des courants de fluides.

3° Le fonctionnement général de toute machine résume les fonctionnements d'une somme d'ovaires qui sont appelés à transmettre, créer, épuiser ou régénérer les pressions des fluides.

4° Multiplication des forces motrices puisées dans les milieux, les courants et les pressions des fluides naturels.

5° Création des courants artificiels de force mécanique, soit dans l'intérieur même des fluides en équilibre, soit dans des ovaires générateurs, qui deviendront source de courants.

6° Utilisation mécanique et régulière de toutes les forces vives, et notamment des chocs.

7° Introduction organique de l'élasticité, dans toute la mécanique, comme réservoir et comme volant de conservation et de transmission de force.

La mécanique organique et universelle sera constituée et fonctionnera en vertu de ces sept principes capitaux. Et chacun de ces principes donnera naissance à toute une série de corollaires dont l'importance est grande aussi, au point de vue théorique et pratique.

Une conséquence logique de cette mécanique organique, c'est la découverte de ce nouveau principe capital d'application générale, tant à la mécanique naturelle qu'à la mécanique industrielle :

Toute machine sera pourvue dans son ensemble, comme dans ses organes principaux, de régulateurs, mesureurs et inscripteurs exacts et continus, pour les conditions du fonctionnement mécanique.

Ayant posé ces nouveaux principes, dont l'application est universelle, je vais donner les systèmes de description qui sont relatifs à quinze grandes classes de constitutions et de fonctions mécaniques dans l'ensemble de l'industrie.

I. — Constitution et fonction de l'ovaire mécanique. — L'ovaire mécanique est une enveloppe creuse et fermée, qui contient essentiellement deux ouvertures avec ajustages angulaires : l'un rentrant, l'autre saillant. La fonction mécanique de cet ovaire est basée sur les différences dans les forces d'écoulement qui auront lieu par ces deux ajustages. Quant à la forme, elle peut être de toute sorte ; la plus convenable est celle du cœur.

Les enveloppes peuvent être rigides ou élastiques, par conséquent fixes ou variables pendant la fonction. Les ajustages d'écoulement peuvent être aussi rigides ou élastiques. De la combinaison de ces quatre facultés résultent quatre classes d'ovaires. La nature part des enveloppes et ajustages élastiques pour en arriver aux enveloppes et ajustages rigides. L'industrie s'élèvera, au contraire, de la dernière classe à la première, pour satisfaire aux relations délicates dans les fonctions organiques.

L'ovaire étant placé au milieu d'un fluide en équilibre, si on augmente, par un moyen quelconque, notamment par la chaleur appliquée soit à l'intérieur, soit à l'extérieur de l'enveloppe, la pression de son fluide intérieur, immédiatement ce fluide s'échappe par la seule ouverture saillante, pendant que le fluide extérieur entre par l'ouverture rentrante. Alors on a un écoulement continu, en même temps que ces faits nouveaux et considérables : le fluide extérieur rentre directement dans une enveloppe, où ce même fluide est à une pression supérieure ; le fluide sort de l'ovaire avec une pression supérieure à celle qu'il avait en entrant.

L'ovaire, isolé et fixe, sera donc une vraie machine motrice à courant de fluide, dont le jet pourra produire des motions continues ou alternatives, en ligne droite ou circulaire. Et si l'ovaire est plus ou moins mobile, pour céder à la réaction du jet, on aura une machine à masse mobile, à mouvement rectiligne, curviligne ou circulaire.

L'ovaire étant mis en rapport comme intermédiaire avec les substances convenables, permettra de reproduire dans l'industrie les grands phénomènes naturels de la capillarité, de l'endosmose, de l'affinité, de l'attraction absorbante, etc., grands mots qui auront désormais leur cause et leur loi.

Si cet ovaire est mis, par une ou plusieurs ouvertures rentrantes, en rapport avec différents milieux et différentes substances, en même temps que soumis à une puissance excitatrice, il deviendra un foyer de combinaisons et de générations qui donneront naissance à des courants mécaniques par les ouvertures saillantes. Si, enfin, à cet ovaire, vous lui donnez un revêtement extérieur et distant de son enveloppe, vous avez tous les systèmes de machine d'échange pour les courants contraires, soit dans un même fluide, soit dans des fluides différents. En cela, ou bien le revêtement n'a pas d'ouverture; ou il n'en a qu'une, située vers la pointe ou vers la bouche de l'ovaire; ou il en a deux, comme un véritable ovaire.

En résumé, l'ovaire mécanique est un élément constitutif et organique, général et complet, qui reproduit, dans ses fonctions, toutes les aptitudes de la génération, de la circulation et de l'action mécanique.

II. — Développement par ovaires des êtres mécaniques. — Tout grand organe de machine, qui accomplit une fonction complète et déterminée, satisfera aux conditions générales de forme et d'action de l'ovaire mécanique. Mais, pour remédier aux inconvénients des dimensions énormes, on appliquera à la constitution de cet ovaire général la loi naturelle que voici : Tout grand ovaire sera le produit d'ovaires partiels, qui seront groupés de manière à obtenir la forme générale et la puissance d'action que l'on voudra.

Et ce système de groupement combiné par ovaires élémentaires permettra de détruire les excès des volumes, des lourdeurs, des grossièretés, des brutalités, des difficultés et des dépenses, qui dégradent aujourd'hui la mécanique industrielle.

En longueur, les ovaires élémentaires seront distribués sur le parcours et dans l'enceinte du circuit, droit ou courbe, en étant soit juxtaposés, soit emboîtés les uns dans les autres, soit éloignés les uns des autres. Alors le courant fluide subit successivement l'influence de tous ces ovaires. En largeur, les ovaires seront établis, les uns à côté des autres, dans une tranche transversale du circuit. Alors chaque ovaire agit pour son compte sur une portion du courant fluide, et le courant général est la somme directe de ces actions partielles. Du reste, ces ovaires latéraux peuvent communiquer entre eux par leur ventre, ou de toute autre manière.

Un grand ovaire ou circuit sera donc constitué de deux manières : soit par tubes ou fibres longitudinales d'ovaires, qui seront accolées ou séparées, communiquant ou non entre elles ; soit par tranches ou sections transversales, plus ou moins espacées, jointives ou emboîtées. Quant à la force intérieure ou extérieure, qui déterminera l'action de l'ovaire général, elle pourra être appliquée soit à chaque ovaire particulier, soit à chaque tranche ou fibre constituante, soit à l'ensemble de l'ovaire général.

Un ovaire général pourra donc être constitué, au point de vue de sa construction et de son action, en tronc, branches et rameaux d'ovaires partiels, dont les actions combinées fourniront le résultat général.

Ces nouvelles lois s'appliquent aux ovaires, que leur carcasse soit rigide ou élastique. Or, cette condition d'enveloppes ou d'ajustages élastiques pour les ovaires, amène toute une nouvelle série de combinaisons pour la constitution et l'action de l'ovaire total. Ainsi, l'enveloppe de l'ovaire général, les fibres longitudinales, les tranches transversales, enfin les diverses cloisons ou ajustages coniques qui constitueront les ovaires partiels, ces quatre systèmes de pourtour peuvent être rigides ou élastiques. De la combinaison entre ces huit conditions diverses, résulteront une grande variété de machines nouvelles de toute sorte.

Et dans ces machines se trouvera appliqué le principe entièrement nouveau pour l'industrie, mais universel dans la nature, de l'élasticité élémentaire combinée avec l'élasticité générale. Ce principe donnera des facilités énormes de construction constitutive ; mais surtout des avantages de premier ordre pour la fonction mécanique, puisqu'on réalisera alors des séries douces et régularisées de variations dans les volumes, les pressions, les vitesses, les positions ; et ces variations donneront le balancement général auquel concourront toutes les parties de l'organisation mécanique. Tout grand arbre offre l'exemple de cette constitution et de cette fonction mécanique par le balancement élastique.

III. — Constitution des grands organes des machines. — Toute machine fonctionne en accomplissant des opérations distinctes auxquelles président des organes distincts. Ainsi, la machine générale et complète à fluides comporte nécessairement les sept grands organes que voici : 1° foyer de combustion ou de compression ;

2° foyer d'élaboration et de pression du fluide moteur; 3° foyer d'alimentation pour ce fluide spécial; 4° circuit entre les foyers d'élaboration et d'opération mécanique; 5° foyer d'opération; 6° circuit du fluide épuisé; 7° organe de régularisation.

La fonction de ces sept organes est indispensable pour l'action régulière et complète des machines. Chacun de ces organes peut se présenter dans les conditions les plus diverses; ils peuvent même être confondus, ou plutôt réunis, par deux ou par trois, dans le même dispositif, dont le rôle se trouve alors complexe. Quoi qu'il en soit, chaque organe se trouvera placé, comme un centre de direction et d'action, entre l'ensemble de la machine et les ovaires élémentaires de chaque partie. Il sera donc lui-même une machine spéciale; car, suivant la loi universelle, l'ensemble, comme les centres partiels et comme chaque ovaire élémentaire, renferme en lui-même la capacité, soit la vie mécanique. Voici le sommaire organique de ces grands organes :

1° Le foyer de combustion sera partagé en petits ovaires de combustion, distribués dans l'ensemble du foyer, projetant des gaz ou vapeurs, et entouré par le courant d'air chaud qui doit l'alimenter. Le conduit de la cheminée sera cloisonné pour faciliter le tirage et enlever la chaleur, dont les restes seront donnés à une plaque à ovaires; l'air extérieur pénétrera en s'échauffant par cette plaque, circulera le long de la cheminée, et se distribuera autour des ovaires de combustion ou de pression.

2° Le foyer de génération aura la forme générale d'un ovaire en cœur : la pointe sert de sortie pour le fluide moteur. La base est percée par un ajustage saillant qui sert de débouché aux substances de génération. Au-dessus de l'eau, cloisonnez en pointe et à ovaires. Multipliez ces cloisons; vous caserez ainsi la vapeur par étages de sécheresse et de pression. Faites circuler à l'intérieur et à l'extérieur de la chaudière les gaz de combustion au moyen de tubes ou d'enveloppes cloisonnées.

3° Les foyers d'alimentation pour la combustion ou la génération du fluide moteur auront une constitution et une fonction régulières, d'après les mêmes principes organiques : ainsi, la masse des éléments sera partagée et distribuée par des courants continus et morcelés entre des ovaires; et ces éléments seront projetés par des pointes effilées dans l'intérieur des foyers d'élaboration.

4° Le circuit du fluide de pression, au lieu de diminuer la force de ce fluide, contribuera à l'augmenter. Faites-le court, droit ou régulièrement courbe, avec des sections rondes, cloisonné en ajustages qui dirigeront le jet; chauffez l'intérieur et l'extérieur de ce circuit, qui continuera ainsi l'action de la chaudière.

5° Le foyer d'opération comporte les trois modes du fluide agissant sur des masses fluides, sur des pistons de cylindres, sur des aubes de rouets. Récoltez directement toute la force vive que possède le jet général; partagez ce jet en une somme de petits ovaires espacés, qui agiront sur des obstacles rayés ou partagés eux-mêmes en ovaires; facilitez l'évacuation prompte et continue du fluide épuisé.

6° Le circuit du fluide épuisé sera combiné, suivant cinq systèmes d'emploi de ce fluide : 1° le fluide sera jeté à l'extérieur par un circuit direct, cloisonné, terminé à l'extérieur par une pointe enveloppée d'un ovaire en cœur; 2° le fluide sera utilisé pour activer par des jets d'ovaires les foyers de combustion ou de pression, en échauffant l'air du foyer, l'eau ou les autres substances alimentaires du fluide moteur, en brûlant directement ou étant projeté sur les charbons de combustion; 3° le fluide épuisé sera condensé directement dans son circuit, composé de petits tubes ou ovaires entourés d'un courant d'air froid; les fluides de condensation seront rejetés par des ovaires effilés dans une chambre d'où ils seront refoulés dans la chaudière; 4° la chaleur des fluides amènera la vaporisation de liquides éthérés ou le dégagement de gaz dissous, et ces nouveaux fluides moteurs agiront, soit isolément sur des opérateurs spéciaux, soit, réunis à la vapeur d'eau, sur les opérateurs de cette dernière : le principe de combinaison par ovaires présidera à cet ensemble de fonction générale; 5° le fluide épuisé sera directement régénéré comme on le verra plus loin.

Dans ces conditions du fluide épuisé, comme dans les autres grands organes de la machine générale, vous avez toujours les trois influences de l'ovaire organique pour la forme d'ensemble, pour la circulation et pour l'élaboration; et cela a lieu que l'organe considéré soit fixe ou mobile, comme les nouveaux condenseurs à mouvement rapide.

7° La régularisation sera répandue sur l'ensemble de la machine, en fonctionnant suivant les lois naturelles, comme on le verra plus loin.

IV. — Nouveaux moteurs et propulseurs organiques. — L'ensemble des moteurs, dans les fluides, se partagera en cinq classes : 1° les plaques, 2° les roues, 3° les hélices, 4° les pointes, 5° les coulicônes.

1° Les plaques sont multipliées avec une admirable combinaison pour le mouvement des êtres animés de la nature; l'industrie les adoptera, en les composant de petites ailettes mobiles dans un cadre; ces ailettes s'arcboutent de manière à former une surface générale et solide quand on pousse la plaque dans le sens voulu par la marche générale, et elles se séparent ou s'ouvrent quand la plaque est poussée dans le sens contraire. Une plaque peut agir librement, étant guidée seulement par des arêtes, des coulisses ou des conduits dans lesquels elle forme piston; placée à l'extrémité de tiges horizontales ou verticales, elle aura un mouvement alternatif rectiligne ou angulaire, et elle pourra être installée sur les vaisseaux, à l'avant, à l'arrière, sur les flancs. Au lieu de faire arcbouter les ailettes entre elles, laissez-les libres autour de leur axe : alors elles s'appuient contre un grillage parallèle. Suivant le côté où l'on placera ce grillage, on pourra changer le sens de la propulsion.

Remplacez la très-grande surface d'une plaque de propulsion par un faisceau de petites plaques partielles, maintenues parallèles et à distance : ainsi, dans un cylindre, réduisez le diamètre de moitié, en le partageant en quatre cloisons avec quatre pistons fixés sur une seule tige qui commandera le mouvement général des tiroirs et de l'arbre. Ces faisceaux de surfaces pleines ou à ailettes présenteront des avantages considérables pour concentrer la propulsion. Dans le système des plaques à ailettes mobiles, rentre l'emploi des palmes, soit une membrure articulée et à membrane flexible, qui s'ouvre ou se referme, en revêtant toutes les formes. En résumé, le système général des plaques comprend : 1° plaques unies, 2° plaques à ailettes, 3° plaques à palmes, 4° plaques mixtes. Ces classes peuvent agir par plaque isolée ou par plaques groupées en faisceaux, au milieu du fluide ou dans l'intérieur d'un circuit.

Les moteurs à roues seront basés sur ces nouveaux principes : concentrez la masse, en augmentant la vitesse angulaire; partagez l'action générale en une série de petites actions partielles, en brisant chaque palette générale en petites palettes séparées d'une demi-largeur et disposées en quinconce, dans des rangs plus rapprochés; employez des rouets métalliques qui seront rayés en long et en travers; appliquez ce nouveau système aux engrenages; remplacez les énormes roues par quatre, six, etc., roues moindres et articulées à la même bielle.

Les moteurs en hélice seront soumis à des principes semblables de concentration de masse, d'augmentation de vitesse et de multiplicité des actions partielles et libres. Ainsi, ayez un cylindre dont la surface est rayée en vides hélicoïdaux, remplissez ces vides en alternant par des aubes saillantes à l'intérieur et à l'extérieur. Établissez des hélices tronc-coniques et ovoïdes; remplacez les trop grandes hélices par des séries de petites hélices solidaires.

Les pointes perçantes sont un nouveau système de moteur qui avance comme une vrille dans la masse des fluides. Ces pointes peuvent être plus ou moins aiguës et régulières, armées d'hélices ou de cannelures dont la saillie va en augmentant de la pointe à la base. A ces nouveaux moteurs s'appliqueront les principes ci-dessus pour les roues et les hélices. Ces pointes tournantes seront le point de départ et le principe capital d'une révolution complète dans la navigation générale.

Le nouveau système que j'appelle *navigation perçante* ou *velocinavie*, sera basé sur ce principe d'application : les navires avanceront par des proues coniques, tournantes et armées d'hélices en perçant et écartant l'eau par un mouvement continu d'insinuation. Ce nouveau système de navigation changera les conditions de construction et de service dans les navires, et il amènera ces avantages capitaux : supériorité considérable de vitesse, grande économie, plus grande stabilité résultant d'une plus grande concentration, simplicité supérieure, facilité de manœuvre.

Les coulicônes sont basés sur le principe de réaction qu'amène un jet fluide qui frappe une grande masse fluide. Ce jet général sera lancé par un ajustage conique, et sera brisé en une somme de petits jets, au moyen d'ovaires coniques, ou de faisceaux en brins ou en plaques. Chaque jet de projection attirera dans son courant une gaîne de fluide postérieur pour frapper le fluide antérieur. Ainsi le moteur à coulicône comprendra : 1° des cônes minces et espacés, communiquant par la grande base avec une chambre de pression, et par la petite base avec le fluide à refouler ; 2° des cylindres ou cônes enveloppes, dont les deux extrémités seront ouvertes, l'antérieure dépassant la pointe de projection du cône d'écoulement. Reproduisez du côté de la chambre de pression cette distribution extérieure; alors le fluide extérieur pourra être introduit dans la chambre de pression, puis refoulé, et on aura un jeu alternatif de courant fluide. Ce nouveau système s'appliquera à la coque extérieure des navires.

En résumé, la capacité de l'industrie en propulseurs se trouvera considérablement étendue et perfectionnée ; et on veillera à organiser l'action de tous ces moteurs par courbes douces et continues, méditant le nouveau principe que je pose ici : une veine fluide est un faisceau dentelé en courbe continue.

V. — Récolte de la force des courants fluides. — Ayant un courant de fluide continu à l'air libre ou dans un circuit de conduite, multipliez les opérateurs sur ce même courant de manière à récolter deux, trois, dix fois plus de force motrice qu'on ne le fait aujourd'hui. Ainsi, dans un circuit à écoulement continu, la quantité de mouvement MV sera la même partout. Cette quantité MV se retrouvera après le premier opérateur pour agir sur le second et ainsi de suite, seulement la vitesse variera en raison des étranglements ou renflements des passages. Les moteurs pourront être de toutes sortes, groupés en long ou en travers du circuit, recevant chacun le jet le plus convenable par des ovaires de cloisonnement, ayant leurs tiges ou axes libres ou solidaires.

Cette faculté de multiplier la récolte mécanique permettra de lutter contre les courants avec la force même qu'ils possèdent. Le courant à courbes fluides agit en effet comme une crémaillère mobile et qui, par l'intermédiaire d'un pignon, ferait avancer une crémaillère en sens contraire. L'application de ce nouveau principe est une affaire de combinaison d'appareils, puis de relation entre les masses des moteurs, des veines fluides et des carcasses auxquelles sont fixés ces moteurs, la carcasse générale restant fixe ou devenant mobile avec une force excitatrice.

Les appareils moteurs, dans ce cas, pourront être appelés grimpeurs de courants et seront des cinq sortes précédentes : ainsi, des petits moteurs à rouets, à hélices, à pointes, ayant leur axe libre, seront groupés dans un circuit, en long du courant, articulés entre eux d'une manière plus ou moins solidaire; ils récolteront la force de ce courant et la transmettront à leur axe qui la distribuera comme on voudra. Il en sera de même pour les plaques articulées sur des chaînes sans fin.

Quant aux grimpeurs à coulicônes, formez des massifs composés de cônes ou pyramides polygonales qui présentent leurs grandes bases jointives au courant et qui par derrière présentent entre eux de grands vides aux remous du fluide. Alors vous avez double action : les cônes d'amont concentrent la force du courant et rejettent le fluide avec une grande vitesse qui refoule le fluide d'aval et forme de puissants remous; les cônes d'aval reçoivent le choc de ces remous, qui poussent la masse du grimpeur contre le courant; groupez vos coulicônes en blocs espacés, en travers mais surtout en long des courants.

Par rapport aux grandes carcasses, comme un navire, qui se trouvent au milieu d'un courant fluide, appliquez des systèmes de grimpeurs qui peuvent être distribués de quatre manières : le navire porte en lui-même les grimpeurs ; il reçoit temporairement l'application de grimpeurs, il est porté ou remorqué par un grimpeur général ; il est halé par la force de ce grimpeur rendu fixe.

Ces nouvelles choses s'appliquent à l'air pour la voilure comme à l'eau pour la carcasse des vaisseaux ; des appareils combinés en fils de fer et toile récolteront et utiliseront la force des courants atmosphériques. Remarquez qu'un large courant fluide est une suite de filets dentelés comme un chapelet d'ovaires ; présentez donc à ce courant général des canaux partiels pour chaque filet, puis dans ce canal un récepteur dentelé qui engrène avec lui. Là est le principe nouveau et capital au point de vue de la théorie et de l'application.

VI. — Création de courants dans les milieux. — Les courants naturels sont rares, irréguliers et précaires. L'industrie, pour être universelle, doit donc pouvoir puiser à volonté dans les milieux qui l'entourent pour y créer les courants moteurs qu'elle désire ; c'est-à-dire amener le mouvement dans ces masses en équilibre où les forces sont comme endormies. Cette grande création mécanique, vous la réaliserez de quatre manières différentes.

1° Établissez des courants à pression simple en excitant par un appareil organique les forces de deux masses fluides en équilibre à leur surface de séparation, pourvu que ces fluides ne puissent ni se pénétrer ni se combiner. Ainsi, prenez le cas le plus général, la mer et l'atmosphère en équilibre, et plongez dans l'eau un appareil qui fera monter cette eau à de grandes hauteurs, en reproduisant le phénomène de la sève dans les arbres. Cet appareil sera une colonne composée, comme la tige de l'arbre, d'ovaires à pointes allongées vers le haut, disposés en tranches horizontales et en tiges verticales, enfermés dans une enveloppe générale, composés de matière rigide ou généralement poreuse et attractive pour le liquide. L'eau parvenue au sommet de la colonne pourra être enlevée ou déversée, et vous aurez ainsi une machine de dessèchement et d'épuisement en même temps qu'une machine d'élévation continue. Cette eau élevée possédera une grande puissance mécanique que l'on appliquera à tel usage que l'on voudra. Observez que la tige peut être oblique, brisée ou même circulaire et rotative autour d'un axe central. Ayez aussi une petite force excitatrice.

2° Établissez des courants combinés par l'application de ces trois influences : la force élastique de l'air, la puissance des ajustages en ovaires, les lois hydrostatiques des liquides. Ainsi, plongez dans une masse d'eau un cône ou un cylindre creux, qui porte dans son intérieur une série de cônes creux et cloisonnés, la pointe en haut; autour de la base de chaque cône faites une cloche ou chambre d'air comprimé naturellement; ces chambres communiqueront entre elles par un tube général. L'eau sera projetée par la série des cônes, s'élèvera d'étage en étage et sera utilisée comme on voudra, le jeu de l'opération générale pouvant être réglé par des robinets ou tiroirs. L'appareil permettra de récolter au fond de la mer des forces énormes; vous l'appliquerez à poste fixe, et aussi sur des carcasses mobiles comme des vaisseaux. Alors l'eau soulevée servirait à leur locomotion.

3° Établissez le courant à déplacement dans une masse fluide en équilibre, en plongeant dans ce fluide un circuit ouvert, rempli du fluide qui entre par une extrémité et sort par l'autre, soit en vertu d'une pression, soit en vertu d'un enlèvement. Dans l'étendue de ce circuit, disposez des moteurs plus ou moins multipliés pour récolter telle quantité de force que l'on voudra. Ces nouveaux principes s'appliquent facilement dans les fluides de mercure, d'eau, de vapeur, d'air, etc., pour des machines fixes ou mobiles comme les vaisseaux sur la mer, par exemple.

4° Établissez le courant isolé, à pression artificielle, dans toute une masse fluide enfermée dans un circuit, qui se trouve soit à poste fixe, soit dans une carcasse mobile. A cet effet, sur un point quelconque du circuit, appliquez une force de chaleur, pression ou déplacement; ou bien, enlevez le fluide d'un côté pour le porter de l'autre. Il y aura écoulement continu, que vous récolterez par des moteurs échelonnés dans le circuit. Vous pouvez aussi établir des courants discontinus ou continus, même dans un circuit complétement fermé et rempli par une masse fluide, qui restera toujours la même. C'est une loi de la circulation dans les êtres vivants.

VII. — Nouveaux foyers de fluides et nouvelles machines. — En outre des foyers ordinaires de fluides que la mécanique emploie aujourd'hui, je propose quatre nouveaux systèmes de foyers pour fluides moteurs.

1° Les machines à dissolution de gaz se résument dans la machine supérieure à gaz ammoniac, dont l'eau dissout à la température ordinaire 670 volumes, qu'elle lâche instantanément à 60°. Ayez un cylindre moteur qui porte à son fond une cuvette remplie d'eau saturée d'ammoniac, l'alternative entre des jets de vapeur ou d'eau froide qui viendront dans cette cuvette, fixe ou mobile, amènera l'abaissement ou le soulèvement du piston. Le même fluide moteur peut s'appliquer à des machines directement rotatives et à double foyer.

2° Les machines à explosion de gaz provenant, soit des poudres, dont la meilleure paraît se résumer dans le pyroxile, qui donne 3,000 volumes de gaz, soit des liquides ou des gaz combustibles comme le gaz d'éclairage. Ainsi, ayez un cylindre, et, dans le fond, faites arriver la poudre, le liquide ou le gaz entourés d'air ; le feu est mis à cette charge au moyen de l'étincelle électrique d'un appareil d'induction. Ensuite, le fond du cylindre est ouvert, les gaz s'échappent, le cylindre est rafraîchi ; le fond revient avec la charge, et l'opération recommence. On peut faire aussi des machines rotatives.

3° Faites des machines à réaction de gaz qui proviennent des combinaisons chimiques entre des substances que l'on place et déplace, au fond des cylindres.

4° Ayez aussi des machines à gaz liquéfié, comme l'acide carbonique.

5° Ayez, enfin, des machines à liquides combustibles, dont les vapeurs, après avoir donné la force motrice, se partagent en une partie qui se condense et en une partie qui alimente la combustion.

En résumé, toutes ces machines à fluides artificiels complètent la série des fluides industriels ; mais elles sont d'un ordre secondaire par rapport aux machines à fluides ordinaires.

VIII. — Mécanique vélostatique ; hydrochocs. — En présence de la formule abstraite et absolue MV^2 de la mécanique mathématique, il y a tout le système des différences positives de la mécanique organique, pour la nature et la constitution des éléments, pour la manière dont les forces agissent et sont utilisées. Ainsi, préférez les petites masses concentrées et les grandes vitesses, utilisez la force vive des chocs qui se présentent partout. Dans une machine qui fonctionne, la force et ses courants doivent être considérés comme une partie intégrante de la machine, et l'organisme général de cette dernière n'est qu'une série continue de vibrations provenant d'une série continue de chocs. Ces chocs pouvant avoir lieu entre des corps, des gaz, des vapeurs, des liquides solides, vous entrez dans toute une série de combinaisons nouvelles pour la mécanique.

Appliquez les grandes vitesses et les grands chocs à la mécanique organique, en employant des pistons de liquides incompressibles, pour transmettre directement à l'opérateur la force vive des pressions que reçoit instantanément le liquide de ce piston, et pour entretenir, jusque dans les parties les plus délicates, toutes les vibrations organiques. Ainsi, vous aurez : 1° machine basée sur le mouvement d'un piston vide, qui se trouve soulevée par l'arrivée subite d'une masse fluide, ou d'un piston plein, qui se trouve vidé par une pression au fond du liquide ; 2° circuit fermé et rempli de liquide, exactement calibré, et contenant des pistons égaux et espacés. La pression sur un piston amènera la pression sur tous les autres et la marche générale dans l'intérieur du circuit. Cette nouvelle action mécanique sera d'un avantage immense pour les railways ; 3° circuit fermé, mais à branches inégales et à pistons inégaux, comme dans la presse hydraulique. Vous multiplierez l'action de cette presse et vous la transformerez en machine motrice, en multipliant les pistons dans le grand cylindre qui sera plein de liquide ; vous pourrez même ne conserver dans ce cylindre qu'un piston, qui reposera sur une plaque d'ovaires par lesquels la masse d'eau sera projetée en filets à grande vitesse, qui pousseront immédiatement le piston.

Le développement de ces principes amène à la création de nouvelles machines vélostatiques, dites hydrochocs, et qui sont basées sur l'emploi d'une masse d'eau enfermée et projetée par le choc contre le piston d'un cylindre, ou contre les aubes d'un rouet. Après l'action par le choc, l'équilibre hydrostatique ramène l'eau à son niveau de départ, pour recommencer les séries de projection et d'action. Le cylindre d'opération et le tube de choc peuvent être établis à côté l'un de l'autre, ou bien le tube de choc au centre du cylindre, dont le piston isolé, ou faisant corps avec son cylindre, est percé et se meut le long du tube. Le choc sera produit par une chute de solides pesants, par des colonnes liquides, des jets de vapeurs ou gaz, des explosions de poudre ou autres matières. La puissance et la vitesse de choc seront augmentées et régularisées par des courbes adoucies et par l'emploi des cloisonnements en ovaires. Pour les jets et pour les réceptions de ces jets, les cylindres, comme les rouets ou turbines d'opération, peuvent être multipliés dans leur combinaison pour activer et régulariser la continuité des travaux. La plus simple de ces machines sera un cylindre occupé dans le bas par une plaque d'ovaires saillants, qui sont recouverts d'une plaque-tiroir percée de trous correspondants aux points de ces ovaires. Au repos, le tiroir bouche les trous et maintient la pression permanente de la colonne d'eau. Quand il faut agir, le tiroir est écarté légèrement et l'eau se précipite par la pression des ovaires contre le piston. Ces hydrochocs sont simples, peu volumineux et peu dispendieux, faciles à établir et à servir, comme machines fixes, locomotives et locomobiles.

IX. — Mécanique a solides élastiques. — Partout et constamment, dans ses fonctions mécaniques, la nature emploie les pièces et les liaisons élastiques, d'où résulte, dans l'ensemble, solidarité et légèreté de constitution, continuité, conservation et régularité d'action. L'industrie, au contraire, a ignoré ou proscrit l'élasticité dans la mécanique, s'efforçant de se rapprocher de la raideur abstraite de la mathématique. Désormais, imitez la nature et admettez le plus possible l'élasticité dans la constitution et dans la fonction des machines. Ainsi, employez cette élasticité pour les conduits, les blocs et les articulations des blocs. Les bois, les baleines, les métaux roulés, en feuilles ou en fils minces, peuvent donner cette élasticité ; mais, le plus souvent, vous l'obtiendrez par l'emploi de blocs et de conduits en substances gommo-organiques.

L'emploi des circuits élastiques amène tout un nouvel ordre de choses dans la mécanique. Ainsi, un tube en substance molle et élastique, qui sera ou non maintenu intérieurement et extérieurement par des cloisons rigides et espacées, se façonnera de lui-même en ovaires sous l'impulsion des fluides de la fonction mécanique; et ces formes oscilleront autour d'une certaine position moyenne; et ce balancement général sera des plus favorables et des plus organiques pour les fonctions continues, graduées, réglées et délicates. Ces circuits élastiques pourront être isolés ou en faisceaux, simples, doubles, triples, etc., au moyen de tubes concentriques dans lesquels passeront des fluides différents.

Introduisez aussi l'élasticité dans les foyers d'opération, tels que cylindres, canons, etc., où doit se développer brusquement une masse fluide à grande pression. Ainsi, mettez des tampons élastiques au fond des cylindres et au-dessous des pistons. Ces tampons se compriment à l'origine, et se détendent à la fin du mouvement ; il en résulte un balancement équilibré de pression ; puis on évite les pertes, les battements, reculs, ébranlements, etc.

L'artillerie organique sera basée sur l'application générale et nouvelle de ce principe de l'élasticité à toutes les parties des machines balistiques. Ainsi, placez un tampon élastique contre le fond de la culasse fixe ou mobile; fixez au culot des projectiles un tampon élastique, qui se façonnera suivant les rayons de la pièce ; mettez des blocs élastiques à tous les points des fûts et affûts, où s'exercent les efforts brusques de soutien et de réaction. Par ces dispositions, vous utilisez tous les gaz en tamponnant exactement l'espace de la poudre; vous supprimez presque le recul et les battements; enfin, le projectile cheminera dans l'air avec une densité distribuée conformément aux lois de la balistique.

Du moment que les solides élastiques sont fixés à des carcasses fixes et à déclics, de manière à pouvoir établir tel intervalle de temps que l'on voudra entre la pression et la réaction, soit entre la récolte et la dépense, ils deviennent de véritables réservoirs ou magasins de force, que l'on charge, conserve, transporte et dépense comme on veut, pour tout effort de pression, de mouvement, de projection. L'application la plus curieuse consistera à régénérer d'une manière générale l'ancienne artillerie des arbalètes, balistes, catapultes, mangonneaux, etc.

X. — Création et régénération des pressions. — Cette partie extraordinairement nouvelle et capitale de la mécanique organique se formulera ainsi : 1° Dans un milieu en équilibre qui a la pression de 1, établir un courant continu à la pression de 2, 3, 4, etc. ; 2° régénérer un fluide épuisé pour le ramener de la pression 1 à la pression de 2, 3, 4, etc. ; 3° faire qu'un fluide à la pression de 1 pénètre forcément dans un fluide à la pression de 2, 3, 4, etc. L'application de ces inventions amènera, dans les machines à vapeur, des économies qui pourront aller jusqu'à 75 pour 100.

La disposition organique pour réaliser cette régénération de pression consiste à recevoir l'écoulement permanent du fluide dans un circuit ayant la forme générale d'un ovaire en cœur et à la pointe effilée, qui est cloisonné intérieurement par des séries d'ovaires emboîtés les uns dans les autres. En passant dans chaque ovaire, le fluide, obligé de passer par des ouvertures de plus en plus étroites, se concentre et sort avec une vitesse, soit une pression de plus en plus grande. Après avoir ainsi passé à travers des séries d'ovaires, le fluide entré à une faible pression accumule ces séries d'augmentations, puis sort du circuit avec une pression double, triple, etc. Ce fluide peut alors pénétrer par des ouvertures effilées et saillantes dans un espace, comme une chaudière, rempli de fluide à haute pression, ou bien ce fluide régénéré donne un jet d'opération mécanique.

Tel est le squelette de l'organisme de régénération pour la pression fluide. Activez la puissance de cette fonction par l'emploi de la chaleur qui augmente de $^1/_{267}$ la pression des gaz par chaque degré d'augmentation. Cette chaleur, distribuez-la à l'intérieur comme à l'extérieur des ovaires par petits conduits partiels ou par grands courants. Généralement ces courants de chaleur, vous les ferez arriver en sens contraire du fluide à régénérer, de sorte que la plus grande chaleur porte toujours sur le fluide le plus comprimé ; ainsi mettez le circuit de régénération dans le tuyau de la cheminée ; augmentez enfin la puissance régénératrice, en employant la capillarité, par le rapprochement des cloisons d'ovaires ou par l'introduction de fibres et tranches conductrices.

Employez l'élasticité dans la constitution du circuit. Alors vous introduirez dans la mécanique régénératrice l'influence des fluides extérieurs à l'enveloppe, puis aussi l'influence du flottement de la forme pour les ovaires. Introduisez aussi la condition de porosité dans les substances du circuit; alors vous exciterez les relations entre les fluides intérieurs et extérieurs, et les forces d'endosmose et de capillarité influeront beaucoup sur l'énergie de la régénération. Observez que la porosité peut être obtenue par l'emploi de substances poreuses, mais surtout par la disposition combinée d'une foule de petits ovaires partiels ; ce seront autant de petits foyers d'action qui contribueront à la génération substantielle et mécanique des courants fluides pour le résultat général que l'on désire.

XI. — Régulateurs, distributeurs, foyers de consommation. — Comme tout être naturel, chaque machine portera en elle-même les régulateurs de force pour toutes les circonstances de sa fonction générale; ainsi chaque organe aura sa régularisation spéciale et, de plus, quatre régulateurs généraux s'appliqueront : 1° à l'arbre principal du mouvement ; 2° à la pression des masses fluides ; 3° à la distribution des fluides ; 4° au foyer de consommation.

Pour toutes ces régularisations, employez l'élasticité, qui jouera un rôle important et jusqu'à présent inconnu ; prenez les grandes vitesses et les petites masses, portez les excès de poids à la limite extrême des appareils tournants, conservez la faculté d'oscillation entre certaines limites.

Ainsi, dans l'anneau extérieur des volants de fonte, encastrez des blocs ou anneaux de plomb. Employez le régulateur à force centrifuge et à branches multipliées comme régulateur direct en le fixant sur les arbres de mouvement avec des colliers coniques qui règlent les écartements des oscillations. Ce pendule réglera les vitesses et il sera même capable d'arrêter le mouvement des machines ainsi que des trains lancés à toute vitesse. Multipliez les dispositions élastiques dans la constitution des grandes pièces de mouvement alternatif ou circulaire ; les tubes, tampons et secteurs élastiques serviront à cet effet, pouvant s'étendre ou se raccourcir en raison de la vitesse.

Les foyers de consommation de fluide, gaz d'éclairage et de chauffage par exemple, satisferont à un ensemble de dispositions générales qui se résument ainsi : 1° échauffez l'air en le faisant entrer par le haut de l'enveloppe et circuler contre l'extérieur de la cheminée, pour pénétrer ensuite dans cette cheminée ; 2° composez la cheminée de deux cônes, la pointe en haut, avec renflement de jonction au milieu ; 3° faites traverser chaque bec de gaz par des courants opposés de petits filets d'air ; 4° rendez les écoulements de gaz aussi ténus que possible en logeant dans les trous ou au-dessus des trous de petits fils métalliques, en platine par exemple ; 5° échauffez le gaz dans la partie supérieure et centrale de la cheminée au moyen de la chaleur perdue ; 6° carburez le gaz en le forçant, par des conduits et plaques à ovaires, à traverser des couches imprégnées de substances charbonneuses ; 7° multipliez la lumière en la réfléchissant, la brisant, la dispersant ou la concentrant par des surfaces et lentilles, puis par une carcasse extérieure qui forme miroir dans la direction voulue ; 8° chassez au dehors tous les gaz qui proviennent de la combustion en recouvrant le bec d'une calotte avec conduit.

Ces dispositions organiques de l'élément du comburo-gaz s'appliquent à tous les foyers d'opération fluide ; et cette application générale peut avoir lieu en groupant comme on le voudra ces organes élémentaires et complets pour obtenir tel effet massif et général que l'on voudra. Ces conditions sont aussi indépendantes des dimensions et de la puissance des comburo-gaz. Ainsi je propose d'éclairer les salles de théâtre par un lustre composé d'un seul bec à couronnes pyramidales de gaz, placé avec son ensemble au-dessous d'un réflecteur général.

Outre les foyers de génération et d'opération, les régulateurs de pression sont indispensables à toute machine qui agit par des courants fluides soumis à des variations de masse et de vitesse. Ces régulateurs sont basés sur le principe que voici : prenez une enveloppe composée d'une partie fixe qui contient l'ouverture d'arrivée du fluide et d'une partie mobile qui contient l'ouverture de sortie, puis un appareil dont le mouvement règle ou bouche l'ouverture d'arrivée. Cette partie mobile pèse avec tout son équipage un poids réglé par la pression fluide que l'on désire ; et elle se meut facilement, de manière à amener les variations de capacité intérieure, sans entraîner aucune fuite de fluide. Ce principe général peut être appliqué à des appareils rectilignes, angulaires, à mouvements horizontaux, verticaux; à des surfaces rigides, comme un cylindre avec piston; à des surfaces ayant des bases rigides et des enveloppes flexibles. Ce régulateur automoteur conviendra aux plus petits comme aux plus vastes foyers fluides. Ainsi, appliquez-le au réservoir de vapeur de très-grandes chaudières, aux grands gazomètres des usines à gaz, aux systèmes de becs de consommation fluide pour un étage, une maison, un quartier, etc.

La distribution organique des fluides dans d'autres masses fluides, ou dans les machines, se fera d'après ces nouveaux principes : obtenir l'équilibre et l'unité des masses fluides à échanger, en multipliant les ouvertures réduites, et en accolant les ouvertures d'introduction avec les ouvertures d'expulsion. Appliquez ces principes à tous les usages de la vie et de la mécanique industrielle. Ainsi, pour la distribution du gaz d'éclairage, brisez-la et répandez-la, en baguettes lumineuses, satisfaisant à tous les principes des comburo-gaz, établies dans les arêtes des appartements et des façades, ou dans des faisceaux isolés.

Pour obtenir le système organique de ventilation générale pour de vastes espaces, employez le cambio-gaz : c'est l'accouplement d'ovaires dirigés en sens contraire; de sorte que l'un fait sortir le fluide impur à l'extérieur, par le même principe et la même impulsion que l'autre ovaire fait entrer le fluide pur de l'extérieur à l'intérieur. Cet appareil, au nombre d'ovaires multipliés, avec des tubes plus ou moins allongés et contournés, pour activer et distribuer l'action individuelle, sera placé comme on voudra, dans les murs extérieurs ou intérieurs, suivant les arêtes, les trophées, les siéges, les loges, etc.; des tiroirs et robinets régleront les conduits généraux de fluide destinés à activer l'action générale.

XII. — Mesureurs des conditions de l'action mécanique. — Toute machine fixe ou mobile, au milieu de fluides intérieurs et extérieurs, fera connaître à chaque instant les quantités de temps, de vitesse, de masse, de direction, que comporte l'action mécanique; et elle inscrira d'elle-même ces applications. Ces registres de mouvement pourront être transportés et conservés. Le fluide moteur déterminera lui-même les inscriptions de toutes ces mesures.

La première chose à mesurer, c'est le temps. Chaque machine aura son horloge mécanique basée sur le mouvement d'un rouet ou d'une hélice, sur lequel agit une veine fluide toujours constante. L'axe tournant portera des engrenages et aiguilles sur un cadran, ou bien fera dérouler régulièrement une bande de papier divisée sur laquelle s'inscriront les autres mesures mécaniques. Observez que ce nouveau système d'horloge à liquide, air, gaz, vapeur, peut être appliqué, en dehors de la mécanique, à tous les usages de la vie.

Pour mesurer et enregistrer la pression, munissez l'indicateur du manomètre, quel qu'il soit, d'un crayon qui trace la marche des pressions sur la bande en mouvement. Employez surtout le manomètre élastique, qui se compose d'une plaque à tige traversant des rondelles élastiques, et dont l'extrémité, libre ou articulée, indique par sa saillie le degré de pression fluide. Cette indication, vous pourrez la transmettre, à des kilomètres de distance, dans toutes les positions et dans tous les milieux. Employez aussi le manomètre à double flotteur, composé d'une caisse hermétiquement remplie de mercure, dans les parois de laquelle entrent exactement deux cylindres. Le fluide agissant sur la tête d'un de ces cylindres, le force à s'enfoncer, en même temps que l'autre cylindre ressort d'une quantité qui sert à indiquer la pression équilibrée.

Les mesureurs de masses et de volumes fluides, avec registres permanents d'inscription, s'appliqueront à ces trois positions :

1° La pression est fixe et le volume est variable d'après l'ouverture d'écoulement; cette ouverture contiendra une partie mobile, laquelle tracera ses mouvements, rectilignes ou angulaires, sur une bande déroulée d'une manière permanente ou intermittente, pendant la consommation seulement.

2° L'ouverture est fixe, mais la pression est variable. Alors, placez devant le jet d'écoulement la plaque d'un manomètre dont la tige portera le crayon traceur.

3° Le volume et la pression varient. Alors, inscrivez, au même instant et sur la même bande, les faits de ces deux variations. Ces nouveaux compteurs, à registres remplaçables, seront simples et complets; on pourra leur laisser un petit volume, même pour les consommations considérables.

Les mesureurs de vitesse et de direction, tant pour les corps en mouvement dans les fluides, que pour les courants fluides qui entourent un corps en mouvement, seront d'un avantage immense pour les sciences et les services de la météorologie, de la balistique, de la navigation, etc. Ainsi, chaque vaisseau inscrira, et à chaque instant, sur un registre transportable et échangeable, toutes les conditions de vitesse et de direction de sa marche. Un manomètre élastique, qui sera plongé dans l'eau en avant du navire, donnera, par sa tige articulée, les indications de vitesse qui seront tracées sur une bande mobile. Sur cette même bande, les variations de l'aiguille de la boussole traceront la direction. Réciproquement, le manomètre et la boussole pourront aussi servir à tracer les vitesses et les directions des courants par rapport au navire. Enfin, vous pourrez même mesurer les hauteurs des astres, et indiquer toujours, sur des bandes déroulées, le temps et la nature des phénomènes que l'on veut noter. Un projectile, fendant l'air, pourra porter aussi un manomètre indicateur.

XIII. — Mécanique a fluides impondérables. — Ces fluides mal définis, mais dont l'action domine dans tous les phénomènes mécaniques de la nature, sont les êtres d'un règne organique, qui assiste dans tous les autres règnes. A ne les considérer que comme agents de mécanique rationnelle et industrielle, on se bornera aux trois fluides de la gravité, de la chaleur et de l'électro-magnétisme.

Les machines à gravité sont rares et grossières. Étendez cette carrière en appliquant ce double principe : faire varier les vitesses pour la même masse ou les masses pour la même vitesse. Les moyens d'application sous l'influence constante de la gravité seront le rail, le pendule, la chute, le levier.

Le rail le plus simple sera la corde ou fil de fer, tendu ou reposant en courbe naturelle entre deux points de hauteur inégale. Sur cette corde roulera une poulie portant suspendu à sa chape le fardeau à transporter. Appliquez à de longues lignes, en partageant la distance générale en stations ou courbes de quelques centaines de mètres d'étendue. Employez le même principe de courbes alternantes en hauteur pour les longues pentes en rails rigides. Entre ces rails amenez la propulsion en plaçant soit un auget dans lequel roule une chaîne de contre-poids mobiles, soit un tube hydraulique.

Le pendule à grandes dimensions permet de transporter des masses de bas en haut, de haut en bas, à même hauteur, à des distances plus ou moins grandes. A cet effet, observez le principe de terminer le pendule par un anneau, dans lequel vous placez ou déplacez les masses, au point que vous voudrez de la courbe, sans altérer en rien la loi de cette courbe.

La chute permettra d'utiliser les forces vives de corps pesants et durs qui tomberont à toute vitesse pendant qu'on les remontera lentement. Employez surtout cette chute dans les systèmes de marteau, en changeant la masse et la pression de leur tête, de manière qu'ils seront légers pour la levée et très-lourds pour la chute ; appliquez même ce principe d'augmenter beaucoup la violence du choc par l'emploi de caisses hydrauliques qui communiqueront par des tubes élastiques munis de robinets avec des réservoirs élevés ; il y a là tout un nouvel ordre de mécanique formidable et économique.

Les leviers, en multipliant la puissance des pressions, permettront à un poids donné de mettre en mouvement d'assez grandes masses. Mais il faut là surtout, comme dans toutes les machines à gravité, une force initiatrice et vibrante qui excite incessamment l'organisme à puiser dans le réservoir infini et équilibré de cette gravité.

Entrez enfin dans la nouvelle voie de combiner l'action de l'élasticité avec cette force de la gravité : ainsi un câble élastique remontera de lui-même, et presque à la même hauteur, le poids qu'il aura descendu ; et la force vive des chocs sera aussi conservée et reproduite. Ces facultés d'élasticité et de gravité étant combinées avec les variations de masse, de pression, de vitesse, permettront une foule d'applications précieuses pour la mécanique et pour les transports.

Les machines à calorique direct transporteront pour la première fois dans l'industrie le moteur le plus répandu par la nature dans la fonction mécanique de tous les êtres. Le jeu de ces machines est basé sur la variation de volume qu'amène dans tous les corps solides, liquides ou gazeux l'alternative du chaud et du froid. De là trois classes de machines à calorique :

1° La machine à dilatation de solides est basée sur l'application que voici : soit un fil de cuivre de 100 mètres de longueur et enroulé en cylindre. Si une extrémité repose contre un talon fixe et que l'autre soit libre, pour une température de 350° cette extrémité s'allongera de 0.55 avec une puissance énorme, et reviendra avec la même puissance à son point de départ, quand le froid remplacera la chaleur. Quelle que soit la forme de ce fil, plein, creux ou en grillage, disposez-le en fragments formant plusieurs cylindres concentriques de même hauteur. Toutes les extrémités s'allongeront proportionnellement au diamètre du cylindre ; et alors, étant toutes fixées à un même rayon mobile autour du centre général, elles donneront un levier armé d'une puissance formidable de va-et-vient que l'on appliquera comme on voudra. Dans ce système de machines, tout sera disposé pour que les courants de chaleur et de froid agissent instantanément sur tous les brins de fil. Le gaz comme combustible conviendra surtout pour cette action.

2° Les machines à dilatation de liquides reposent sur ce principe d'application : soit un faisceau de petits tubes espacés et remplis d'alcool. Tous ces tubes débouchent dans une calotte cylindrique qui est surmontée d'un cylindre d'un diamètre six fois moindre et qui contient un piston avec tige de mouvement. L'alcool remplit exactement tout ce système. Un courant de chaleur générale amène une somme de dilatation qui produit dans le cylindre le mouvement du piston, ce dernier retombe par le froid.

3° Les machines à dilatation de gaz ou vapeur comprennent un cylindre de tension pour le fluide surchauffé, puis un cylindre de dépôt pour le fluide refroidi. Ces deux cylindres communiquent par leur fond avec deux appareils, l'un d'échauffement, l'autre de refroidissement, qui sont composés de tubes cloisonnés en ovaires : et la pointe de ces ovaires débouche, pour l'appareil d'échauffement, dans le cylindre de tension ; pour l'appareil de refroidissement, dans le cylindre de dépôt.

Grâce au système des ovaires, vous pouvez supprimer le cylindre de dépôt, en faisant communiquer le faisceau de refroidissement avec le faisceau d'échauffement permanent. Vous pouvez aussi réunir ces deux faisceaux en un seul dans le même foyer de chaleur ; le sens contraire des cloisonnements suffira pour entretenir les courants moteurs qui feront marcher soit le cylindre soit des rouets. Toutes ces nouvelles machines caloriques sont extraordinairement simples et économiques pour tous les services.

La mécanique électrique, qui est basée sur l'action aimantante d'un courant électrique, sera soumise aux nouvelles dispositions que voici : 1° parmi les sources d'électricité préférez les foyers de chaleur les plus énergiques ; 2° prenez les fils à grande section, pleins ou creux, ou à grillages ; cloisonnez pour augmenter la masse de l'électricité ; 4° les faisceaux de fils bruts, noyez-les dans des masses isolantes ; 5° faites du tout un manchon indépendant que l'on mettra en communication avec la source d'électricité et avec la barre de fer doux à polariser ; 6° cette barre, qui sera fixe ou mobile, disposez-la pour communiquer le mouvement à tels organes que l'on voudra ; ainsi, armez-la de disques et faites-la tourner pour amener le triage des minerais magnétiques.

XIV. — Constitution des machines a fluides pondérables. — Les êtres de la nature, dans les fonctions mécaniques de leur existence, sont alimentés par séries de fluides en nombre presque infinis, depuis le plus lourd métal en fusion jusqu'au gaz presque éthéré.

La mécanique industrielle, imitant la nature, emploiera aussi une variété considérable de fluides, et se trouvera sous ce rapport partagée en six classes : 1° machines à métaux, 2° machines à sulfures, 3° machines à eaux, 4° machines à huiles, 5° machines à vapeur, 6° machines à gaz.

Entre les fluides de métal et les fluides de gaz, il peut y avoir des différences de densité de 1 à 50,000 ; on a donc devant soi une carrière immense de variété : mais observez que le travail moteur MV^2 peut rester à peu près le même en faisant varier les vitesses ; d'où l'on conclura cette loi générale que les fluides très-lourds travailleront à faible vitesse, tandis que les fluides légers travailleront à grande vitesse. Les êtres naturels sont généralement alimentés dans leurs fonctions mécaniques par des fluides divers, dans des appareils à mouvements continus comme la respiration cutanée, mais à mouvement alternatif pour la respiration principale. L'industrie n'a pas besoin de ces complications pour le rôle borné de ses machines. Un seul fluide et une seule nature de mouvements suffiront.

Les machines de l'industrie actuelle n'emploient guère que les trois fluides de l'eau, de la vapeur d'eau et de l'air. Étendez cette faculté à d'autres fluides, et, dans tous les cas, appliquez toujours les principes généraux de la mécanique organique aux machines actuelles. Ainsi, pour les liquides, cloisonnez les corps de pompe, les rouets et hélices, les ouvertures de dépense, etc. ; pour les machines à vapeur, établissez en ovaires tous les tubes de conduite, les foyers de combustion, de production, d'opération et de régénération. Appliquez enfin à toutes ces machines les régulateurs organiques.

Dans les circuits de fluides, recherchez toujours la simplicité et la continuité. Faites ces circuits courts et directs, présentez des ajustages coniques à la veine d'écoulement, rapprochez le plus possible les foyers de combustion, de génération et d'opération, jusqu'à les réunir au besoin. Quant à la continuité d'opération avec la même masse fluide que l'on régénère, c'est là un avantage capital qui révolutionnera toute l'industrie en lui assurant des facultés et des économies immenses, et en lui donnant même la supériorité sur la mécanique naturelle, qui, dans le rôle multiple des êtres organiques, ne reprend plus les fluides qu'elle a rejetés.

XV. — Fluides et machines organiques. — L'application des nouveaux principes à des machines nouvelles donnera lieu à six classes d'êtres mécaniques :

1° Les machines à vapeur d'eau présenteront un seul circuit annulaire, comprenant les trois circuits généraux de vapeur, air et gaz de combustion; le circuit de vapeur, comprenant la chaudière, le conduit de pression, l'opérateur et le conduit de régénération, sera au centre; le circuit des gaz de combustion entourera le circuit de vapeur en détachant même, dans l'intérieur de ce dernier, des amorces d'échauffement, et chassera ses gaz au-dessus de l'opérateur; le conduit d'air pur enveloppera extérieurement le circuit des gaz échauffés pour enlever le plus possible de chaleur avant d'aboutir au foyer de combustion. La limite de cette disposition sera de supprimer, en quelque sorte, la chaudière pour n'avoir qu'un courant continu de vapeur, échauffé par une extrémité du circuit, opérant à l'autre extrémité.

2° Les machines à vapeurs combustibles sont semblables; seulement, la vapeur, au sortir de l'opérateur, peut se partager en deux parties : l'une pour la régénération, l'autre pour la combustion; mais il sera plus simple d'avoir à part les vapeurs de combustion.

3° Les machines à air sont les plus simples. Le circuit de vapeur se trouve supprimé; alors le circuit moteur est formé par les gaz de combustion que l'on projette dans l'opérateur.

4° Les machines à gaz de dissolution ou d'explosion auront les trois circuits. Une remarque capitale pour ces quatre classes de machines à circuits divers de gaz ou vapeurs, c'est que chaque circuit est parcouru par un courant fluide, lequel est une force motrice, que l'on peut appeler sur l'opérateur, pour concourir à l'effort mécanique avec le fluide moteur proprement dit.

5° Les machines à courants permanents de fluides liquides, métalliques, aqueux ou huileux, ne contiendront qu'un circuit dans lequel sera logé l'opérateur, dont la hauteur supérieure sera au-dessous de la charge du liquide moteur. Ce courant fluide, non-seulement circulera autour de l'opérateur, mais il continuera à la sortie de cet opérateur, pour recommencer sur un, deux, trois, etc., opérateurs, pourvu que le circuit ne soit jamais interrompu. Observez même qu'appliquant les principes du siphon, vous pourrez faire monter votre circuit moteur au-dessus du niveau du réservoir liquide.

En fait de fluides, vous distinguerez ces deux classes : 1° les fluides naturels, qui sont à leur état d'équilibre dans la pression atmosphérique; 2° les fluides artificiels, qui sont en dehors de cet état d'équilibre par un excès de chaleur ou de pression dont ils ont été chargés. Chacun de ces fluides peut donner, pour la motion, un courant naturel ou artificiel. Mais, le fait remarquable, c'est que tout fluide naturel, comme un liquide après la motion, retombant toujours dans le même état naturel, vous pouvez le reprendre pour lui faire accomplir la même motion, une, deux, trois fois, sous l'action constante de la gravité. Le fluide artificiel, au contraire, est épuisé après la première motion qu'il a donnée, c'est-à-dire qu'il a perdu, sans pouvoir le régénérer, l'excès de pression qu'on lui avait donné à grands frais, pour retomber à l'état de fluide naturel. La conséquence en est que l'industrie, comme la nature, doit alimenter ses machines organiques par des fluides naturels.

XVI. — Conclusion. — Ceux qui auront étudié tout ce qui est contenu dans cet ouvrage reconnaîtront que c'est une œuvre immense au point de vue de la nouveauté et de l'importance pour la science universelle et pour l'industrie universelle.

Dieu, pour entretenir la vie universelle, a créé la mécanique universelle, qui repose sur des lois unes, simples et complètes, dont l'ensemble forme le règne organique de la mécanique.

Le germe de ce règne, c'est l'ovaire mécanique, qui est à lui seul une machine admirablement simple et complète pour reproduire tous les phénomènes et toutes les fonctions possibles de la mécanique; aussi tout être, comme tout phénomène mécanique, n'est que la résultante d'une somme d'ovaires mécaniques dont les fonctions élémentaires se combinent pour conduire au résultat général.

L'industrie humaine n'a d'autre règle à suivre, pour sa mécanique industrielle, que les lois de Dieu dans sa mécanique naturelle et universelle. Qu'elle quitte donc les sentiers obscurs, irréguliers et bornés où elle se meut avec tant de peines, de grossièretés et de dépenses, pour marcher en pleine lumière dans la voie large et féconde de la mécanique naturelle.

Alors l'homme, quel que soit le point de la surface terrestre où il se trouve, constituera ses instruments mécaniques pour surmonter les obstacles et faire triompher son génie créateur. Tous les éléments lui seront bons; il puisera dans les fluides naturels ou artificiels, pondérables ou non, animés de courants moteurs ou plongés dans l'équilibre inerte; il créera, regénérera ou éteindra les pressions; épuisera largement son fluide moteur ou amoncellera successivement les forces sur la même quantité de fluide; excitera l'action mécanique de circulation ou de pression par des vibrations et des chocs; régularisera et continuera les forces par l'élasticité. Enfin, l'homme construira partout les machines les plus compliquées et les plus formidables, au moyen de l'accumulation combinée de simples ovaires mécaniques que l'on peut créer partout, de même qu'il construit les villes les plus gigantesques par l'accumulation combinée de simples briques.

10858. PARIS. — Typographie de RENOU ET MAULDE, rue de Rivoli, 144.

LE MESSIANISME

ORGANISATION UNIVERSELLE

ÉTUDES ET CRÉATIONS

EN VENTE EN 1862

L'intelligence et la propriété intellectuelle. — 1 volume........ 4 fr.

La matière et la vie minérale. — 1 volume........................ 4 fr.

Histoire générale de la guerre et de l'artillerie. — 3 volumes de 500 pages avec plans gravés. Chaque volume.............. 8 fr.

L'armement universel. — 1 volume.............................. 7 fr.

La question algérienne. — 1 volume............................ 4 fr.

Mélanges de sciences, d'institutions et d'installations. — 1 vol. 4 fr.

La géoplanie. — Nouveaux planisphères. — Univalve, bivalve, trivalve. Chaque colorié.. 3 fr.

La mécanique nouvelle, organique et universelle. — 1 volume. 6 fr.

Le règne organique de la mécanique universelle. — 1 volume. 5 fr.

Ces ouvrages sont vendus comptant, au bureau du *Messianisme*, avec remise aux libraires et commissionnaires.

7228 Imp. Renou et Maulde, rue de Rivoli, 144.

www.ingramcontent.com/pod-product-compliance
Ingram Content Group UK Ltd.
Pitfield, Milton Keynes, MK11 3LW, UK
UKHW020326230726
13925UKWH00002B/648

9 782014 027105